U0204553

国家社科基金青年项目“信息市场视角下企业ESG评级分歧成因与治理研究”（项目编号：23CGL040）

李瑞前◎著

环境处罚对企业行为的影响研究
——来自重污染行业上市公司的证据

The Impact of Environmental Penalties on Firm Behavior
Evidence from Heavily Polluting Listed Firms

中国财经出版传媒集团

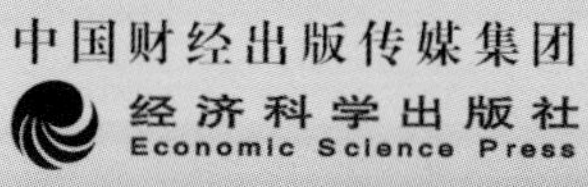

·北京·

图书在版编目（CIP）数据

环境处罚对企业行为的影响研究：来自重污染行业上市公司的证据 / 李瑞前著. -- 北京：经济科学出版社，2024. 7. -- ISBN 978 - 7 - 5218 - 6101 - 3

Ⅰ. X322. 2

中国国家版本馆 CIP 数据核字第 2024A6B910 号

责任编辑：杜　鹏　武献杰　常家凤
责任校对：王京宁
责任印制：邱　天

环境处罚对企业行为的影响研究
——来自重污染行业上市公司的证据
HUANJING CHUFA DUI QIYE XINGWEI DE YINGXIANG YANJIU
——LAIZI ZHONGWURAN HANGYE SHANGSHI GONGSI DE ZHENGJU

李瑞前　著
经济科学出版社出版、发行　新华书店经销
社址：北京市海淀区阜成路甲 28 号　邮编：100142
编辑部电话：010 - 88191441　发行部电话：010 - 88191522
网址：www. esp. com. cn
电子邮箱：esp_bj@ 163. com
天猫网店：经济科学出版社旗舰店
网址：http：//jjkxcbs. tmall. com
固安华明印业有限公司印装
710 × 1000　16 开　15 印张　220000 字
2024 年 7 月第 1 版　2024 年 7 月第 1 次印刷
ISBN 978 - 7 - 5218 - 6101 - 3　定价：99. 00 元
（图书出现印装问题，本社负责调换。电话：010 - 88191545）

摘　要

环境问题难以解决的关键在于环境问题的负外部性，这就需要政府制定一系列环境规制来纠正环境问题负的外部性，使负的外部性内化到企业生产成本中去，从而纠正“市场失灵”。近年来，我国政府不断完善环境规制，并致力于构建合理的环境监管体系，各项环境政策也日趋合理，环境规制工具也日渐丰富，同时，政府对企业环境治理的监管和执法力度也不断增大，一定程度上遏制了生态环境的恶化，解决了生态环境破坏的问题，生态文明建设取得明显成效。

环境处罚作为环境规制的重要工具之一，它通过政府制定一系列限制污染排放和节能减排标准的法律法规对违反环境法律法规的企业进行处罚，从而增加企业违法成本，倒逼其将环境、社会等外部性因素纳入企业生产经营决策中。从现实需求的角度来看，环境处罚在规范企业环境行为、优化环保资源配置以及改善环境绩效等方面发挥着积极作用。然而从学术研究的角度来看，尽管环境规制的经济后果研究已较为丰富，但以环境处罚为代表的经济后果研究还有很大拓展空间。同时，现有对于环境处罚的研究主要聚焦于环境处罚对资本市场的影响，忽视了环境处罚对企业行为影响的研究，这也就无法全面评估环境处罚实施效果的有效性，不利于政府环境治理能力和效率的提升。

因此，本书选取环境处罚作为环境规制工具的典型代表，以A股重污染企业为研究对象，并基于声誉理论、利益相关者理论以及合法性理论，从融资行为和环境行为两方面来考察环境处罚的经济后果，研究期间涵盖2014～2020年。具体来看，本书分别研究环境处罚对企业资本成本的影响、对企业股价崩盘风险的影响、对企业环境责任履行的影响、对企业“漂绿”行为的影响以及对企业绿色技术创新的影响，从而能够较为全面地构建出环境处罚影响企业行为的系统性理论框架。研究结果表明：第一，企业受到的环境处罚会显著增加企业后续的资本成本，具体包括债务资本成本和权益资本成本。机制检验结果表明，信息透明度在上述关系中起到中介作用，而融资约束仅在环境处罚与债务资本成本的关系之间起中介作用，并未在环境处罚与权益资本成本之间起到中介作用。异质性分析表明，环境处罚对债务资本成本的提升作用在非国有企业、行业竞争程度小和内部控制质量差的企业中成立，但对权益资本成本的提升作用仅在内部控制质量差的企业中成立。第二，作为企业披露负面环境信息的重要渠道，环境处罚显著增加了企业未来股价崩盘的风险。同时，环境信息硬披露可以有效缓解环境处罚对未来股价崩盘风险的促进作用。进一步的分析表明，环境处罚对未来股价崩盘风险的促进作用在媒体报道较少的公司、非十大审计师审计和被列入重点排污企业名单的公司中更为显著。第三，环境处罚也会显著地改善企业后续的环境责任履行水平，这种积极影响在媒体关注度高、政治关联弱及行业竞争程度低的企业中更为显著。即环境处罚对企业环境责任履行的影响在处罚实施后两年内仍然存在，而且环境处罚不仅可以促进企业象征性环境责任的履行，也可以促进企业实质性环境责任的履行。第四，环境处罚还能够有效地抑制企业的“漂绿”行为。环境处罚对“漂绿”的抑制作用在拥有更多冗余财务资源、内部控制更有效以及存在政治关联的企业中更为显著。通过进一步分析发现，环境处罚对处于成长期和成熟期企业的“漂绿”行为有抑制作用，但对处于衰退期的企业没有显著影响；而且环境处罚存在威慑效应，即对企业的环境处罚会显著抑制地区内其他企业的“漂绿”行为。第五，环境处罚还能显著提升企业的绿色技术创新水平，同时，环境处罚和环保补助在促进企业绿色技术创新中起到替代作用而非互补作用。异质性分析表明，在国有企业和环境表现较好、市场化程度较高的地区，环境处罚和环保补助对企业绿色技术创新的替代效应更为明显。

综合全部研究结果可以发现，环境处罚在规范企业行为方面发挥了积极作用，验证了环境处罚在改善企业行为方面的有效性。同时，本书的研究结果可以为环境处罚这一工具的进一步完善指明方向，也可以为政府建立长效监管体系提供参考，从而更好地发挥政府在规范企业环境行为以及监督企业环境治理方面的积极作用，助力绿色发展目标实现。

李瑞前

2024 年 6 月

目　　录

| 第1章 |

绪　　论

1.1　研究背景与意义

1.1.1　研究背景

党的十八大把生态文明建设纳入中国特色社会主义事业“五位一体”总体布局，并且首次把“美丽中国”作为生态文明建设的宏伟目标，明确了“既要绿水青山，也要金山银山。宁要绿水青山，不要金山银山，而且绿水青山就是金山银山”的绿色发展理念。党的十九大报进一步明确了“加快生态文明体制改革，建设美丽中国”的奋斗目标，凸显中央政府保护环境的决心以及环境保护的重要战略地位。2020年9月，习近平总书记在第七十五届联合国大会上宣布，中国将提高国家自主贡献力度，采取更加有力的政策和措施，二氧化碳排放力争于2030年前达到峰值，努力争取2060年前实现碳中和，确立了“双碳”战略目标。① 党的二十大报告也明确指出，中国式现代化是人与自然和谐共生的现代化，需要提供更多优质生态产品以满足人

① 习近平在第七十五届联合国大会一般性辩论上的讲话［EB/OL］.（2022-09-22）［2023-03-20］. http：//politics. people. com. cn/GB/n1/2020/0922/c1024-31871233. html.

民日益增长的优美生态环境需要。可以看到，中央政府在顶层制度设计方面为实现绿色发展以及企业绿色转型制定了明确的战略规划，这对我国经济增长模式产生了极其深远的影响，同时为经济发展带来诸多机遇和挑战。

中国作为世界第一工业大国，工业是产生环境污染以及碳排放的主要领域，因此，如何加强对企业的环境监管、推动企业实现绿色低碳转型是实现“双碳”战略目标的必然要求。按照经济学理论，环境问题难以解决的关键在于环境问题的负外部性（Cordeiro and Sarkis，1997）。为了解决环境问题，政府需要制定相应的环境政策，凭借自身的行政强制力来推动企业遵守。环境规制作为社会性规制的一项重要内容，通过政府制定相应的政策与措施来规制企业的生产与经营活动，由此实现环境和经济协调发展的目标。

根据环境规制所采取的手段以及目的的不同，可以将环境规制分为处罚型环境规制（如环境处罚）和激励型环境规制（如环保补贴，税收优惠、环境标志认证以及环境奖励等）。环境处罚作为环境规制的重要工具，具有强有力的制约和惩罚作用，它通过采取警告、罚款、责令停产停业、撤销许可证、没收违法所得、关闭企业等多种处罚形式对企业环境违法行为进行制裁，从而促进环境保护行为的形成和落实，实现环境保护与经济发展的良性循环。我国的环境处罚最早始于1999年国家环境保护总局发布的《环境保护行政处罚办法》；2010年3月，根据《中华人民共和国行政处罚法》及有关法律法规制定的《环境行政处罚办法》正式施行。此外，《中华人民共和国刑法》也对违反防治环境污染的法律规定，造成环境污染且后果严重的行为给出了刑事处罚，具体包括有期徒刑或拘役、单处或并处罚金等。“十三五”期间，我国环境处罚案件已达83.3万件，罚款金额536.1亿元人民币。根据《每日经济新闻》的统计结果，在2021年4 000多家A股上市公司中，共有730家上市公司自身或旗下参控股公司暴露环境风险，产生2 700多条环境监管记录，其中，环保罚单数量超过2 300份，罚没款数额总计约3.04

亿元。[①] 根据生态环境部的统计数据，在生态环境执法上，2022 年全国生态环境部门共下达行政处罚决定 9.10 万个，累计罚款 76.72 亿元；配套实施五类案件 9 850 件，其中，按日连续处罚案件数量为 143 件，罚款金额为 1.55 亿元，查封、扣押案件 4 836 件，限产、停产案件 629 件，移送拘留案件 2 815 件，移送涉嫌环境污染犯罪案件 1 427 件。[②] 可以看到，从环境处罚实施以来，我国企业受到环境处罚的数量越来越多，企业面临的环境规制压力也越来越大。环境处罚在规范企业环境行为、发挥处罚威慑效应、优化环保资源配置、改善环境绩效等方面发挥出了积极作用。

鉴于环境规制的重要性，学者们也基于资源基础理论、利益相关者理论、合法性理论、权衡理论以及“波特假说”等基础理论，从绿色技术创新、环保投资、环境绩效、绿色转型发展以及财务绩效等角度研究了环境规制引发的系列经济后果，并取得了丰硕的研究成果。然而，环境处罚作为环境规制的典型代表和重要构成，现有的聚焦于环境处罚的研究视角仍旧单一，应重点关注环境处罚实施后对公司股价、公司市场价值以及公司声誉的影响，而从多维角度研究环境处罚对企业行为的影响则有较大的拓展空间。

因此，本书以环境处罚为切入点，重点研究实施环境处罚会对企业行为产生哪些影响。考虑到重污染行业是环境污染的主要来源，也是环境处罚的重点对象，因此，本书选取 2014 ~ 2020 年沪深两市的 A 股重污染行业上市公司为研究样本。本书从企业的融资行为和环境行为两方面来考虑企业行为，分别研究环境处罚是否影响企业资本成本、是否会加大企业未来股价崩盘的风险、是否会影响企业环境责任履行、是否会影响企业参与“漂绿”行为以及是否会促进企业绿色技术创新。预期通过上述五个问题的研究系统地呈现环境处罚的经济后果，丰富环境处罚的相关研究，也可以为进一步完善

---

① 宋可嘉，李少婷 . A 股环境风险榜丨没有看起来那么“绿”，2021 年 A 股环境风险榜发布，730 家上市公司拉响警报［EB/OL］.（2022 - 04 - 22）［2023 - 05 - 11］. https://m.nbd.com.cn/articles/2022 - 04 - 21/2231084.html.

② 阮煜琳 . 2022 年中国生态环境部门下达行政处罚决定 9.1 万个 累计罚款 76.72 亿元［EB/OL］.（2023 - 02 - 22）［2023 - 05 - 10］. https://www.chinanews.com/cj/2023/02 - 22/9958491.shtml.

环境规制的顶层设计和理论体系以及有效解决当前经济转型和绿色发展的重大现实问题提供经验和思路。

1.1.2 研究意义

（1）理论意义

第一，丰富环境处罚经济后果的研究。尽管针对环境规制经济后果的研究已较为丰富，但以环境处罚为典型代表的环境规制工具相关研究较少。本书聚焦于环境处罚研究环境处罚对企业行为的影响可以有效丰富环境处罚经济后果的相关研究。

第二，构建环境处罚影响企业行为的完整理论框架。本书从企业融资行为和环境行为两个角度系统地研究了环境处罚对企业资本成本、企业环境责任履行以及企业“漂绿”行为的影响，通过构建环境处罚影响企业行为的完整理论框架，有效地拓宽了环境处罚相关研究的边界。

（2）现实意义

第一，有利于环境规制工具的不断完善。通过检验环境处罚对企业行为的影响，可以识别出环境处罚在当前的制度背景下是否有效以及未来的改进空间，从而有利于环境处罚这一典型环境规制工具的不断完善，更好地发挥环境处罚在规范企业行为方面的积极作用。

第二，有利于通过资本成本的提升来约束企业的环境行为。通过检验环境处罚对企业资本成本的影响结果以及具体的影响机制可以明确环境处罚影响资本成本的惩罚机制，有利于通过资本成本的提升这一处罚机制来间接规范企业的环境行为。

第三，有利于通过股价崩盘风险的增加来倒逼企业改善环境的行为。通过检验环境处罚对企业未来股价崩盘风险的影响可以识别出环境处罚影响股价崩盘的机制，从而鼓励企业积极履行环境责任，减少被环境处罚的频率以及企业披露负面环境信息，防止股价崩盘风险的增加。

第四，有利于企业积极履行环境责任。通过检验环境处罚对企业环境责任履行的影响以及环境处罚如何影响企业社会责任履行，可以更好地发挥环境处罚对企业环境责任履行的促进作用，有效推动企业环境责任的履行。

第五，有利于减少企业的“漂绿”行为。通过研究环境处罚对企业“漂绿”行为的直接影响以及将公司层面的调节变量纳入研究框架，可以有效地构建出环境处罚影响企业“漂绿”行为的理论框架，最终从政府和企业两个维度来提出有效抑制企业“漂绿”行为的建议，最终有效提高环境质量。

第六，有利于促进企业绿色技术创新水平。通过检验环境处罚对企业绿色技术创新的影响以及环保补助的交互作用可以有效了解环境规制工具组合对绿色技术创新的影响，从而更好地发挥政府不同政策组合对企业绿色技术创新的推动作用。

1.2　研究内容及方法

1.2.1　研究内容

本书以A股重污染企业为研究对象，研究期间涵盖2014～2020年，利用从公众环境研究中心获得的环境处罚数据作为环境规制工具的典型代表，研究了环境处罚导致的系列经济后果，具体研究内容如下。

第一部分为绪论。首先说明本书研究的现实背景与理论背景，在此基础上从理论意义和现实意义两个方面提出本书的研究意义；其次从环境处罚导致的经济后果来系统阐述本书研究的具体内容，并介绍相应的研究方法；最后从研究内容出发，总结本书研究的创新点。

第二部分为文献回顾与述评。针对本书的研究主题，从环境规制的经济后果研究以及环境处罚的经济后果研究两个方面来展开文献梳理，对现有研究进行总结和评述。

第三部分为理论基础与框架。对本书所使用到的声誉理论、利益相关者理论以及合法性理论等理论基础进行回顾和阐释，进一步结合上一章的文献回顾以及相应的理论基础，将企业行为分为融资行为和环境行为两个维度，分别从环境处罚对企业资本成本、对企业股价崩盘风险、对企业环境责任履行、对企业“漂绿”行为以及对企业绿色技术创新的影响五个方面来分析环境处罚导致的经济后果，并建立起相应的理论框架，从而可以系统、完整地分析环境处罚的经济后果。

第四部分为环境处罚对企业资本成本的影响研究。首先依托声誉理论以及利益相关者理论，从权益资本成本和债务资本成本两个角度来研究环境处罚对企业资本成本的影响；其次从信息渠道和融资渠道来分析环境处罚影响企业资成本的具体机制；最后从产权性质、行业竞争程度以及内部控制角度来分析环境处罚对企业资本成本影响的异质性。

第五部分为环境处罚对企业股价崩盘风险的影响研究。将环境处罚视为企业披露负面环境信息的重要渠道来研究其对企业未来股价崩盘风险的影响，进一步考虑企业环境信息硬披露的影响，检验其对两者关系的调节作用，从而验证企业的环境信息披露是否具有双重作用。进一步从媒体关注、十大会计师事务所审计以及被列入重点排污单位三个维度来分析这些因素是否会对环境处罚与股价崩盘风险的关系产生影响。

第六部分为环境处罚对企业环境责任履行的影响研究。首先，通过构建系统的评价指标体系，应用内容分析法来衡量企业环境责任履行的水平；其次，在此基础上研究环境处罚对企业后续环境责任履行的影响，进一步从企业、行业以及外部治理的角度来研究政治关联、行业竞争度以及媒体关注对环境处罚与企业环境责任履行两者关系形成的影响；最后，研究环境处罚对企业环境责任履行的动态影响以及对不同类型企业环境责任履行的异质性影响。

第七部分为环境处罚对企业“漂绿”行为的影响研究。其次，利用经过行业调整后的企业环境信息披露水平与企业环境绩效水平的脱钩程度来科学测度企业的“漂绿”程度，进而实证检验环境处罚对企业“漂绿”行为的影响；其次，在此基础上考虑公司层面的特征变量，包括财务冗余、内部控制以及政治关联等因素对两者关系形成的调节效应；最后，研究企业生命周期对两者关系的影响以及环境处罚是否存在威慑效应。

第八部分为环境处罚对企业绿色技术创新的影响研究。将环境规制分为处罚型和激励型环境规制，并选取环境处罚和环保补助作为处罚型和激励型环境规制的典型代表，首先研究环境处罚对企业绿色技术创新的影响，并进一步研究环保补助与环境处罚的交互作用对绿色技术创新的影响，从而验证多种环境规制工具的组合是发挥互补作用还是替代效应，其次从产权性质、环境质量和市场化程度三个维度来检验环境处罚与环保补助的替代效应在哪些条件下更显著。

第九部分为研究结论与展望。对前面实证分析的结果进行总结和讨论，然后基于本书研究结果从政策、市场、公司等层面提出相应的政策建议，并说明本书的研究不足及未来研究展望。

1.2.2　研究方法

一是文献研究方法。本书通过收集、阅读、梳理、分析和归纳国内外有关环境规制经济后果以及环境处罚经济后果的研究文献，掌握相关研究的最新研究成果，了解现有研究的贡献和不足，为本书提供理论支撑。

二是规范研究方法。本书通过回顾主要的基础理论及其演化过程，并以声誉理论、合法性理论以及利益相关者理论为基础，构建出环境处罚如何影响企业后续融资行为和环境行为的理论框架，从而解释以处罚形式为代表的环境规制工具是否有效以及对企业后续行为产生哪些影响，有助于进一步改善政府环境处罚的运行机制并发挥环境处罚这一环境规制工具的积极作用。

三是实证研究方法。本书主要采用最小二乘法验证环境处罚的经济后果，包括环境处罚对企业资本成本、股价崩盘、环境责任履行、“漂绿”行为以及绿色技术创新的影响。在此基础上，本书还综合使用中介效应模型、固定效应模型、调节效应模型、分组回归模型等方法。为了缓解因可能存在的内生性问题而导致的回归结果偏误，本书还采用两阶段最小二乘法、Heckman两阶段回归模型、倾向得分匹配法（PMS）、动态矩估计（GMM）、安慰剂检验、排除替代性解释等方法对主要分析结论进行稳健性检验以提升研究结论的可靠性。

四是内容分析法。本书在衡量企业环境责任的履行情况以及企业环境信息的披露水平时，通过设置合理的指标评价体系，以手工收集的企业年度财务报告、社会责任报告及可持续发展报告为基础，在保证效度和信度的前提下，应用内容分析法得出企业环境责任履行情况以及企业环境信息披露得分。

1.3 主要创新

选择环境处罚作为环境规制工具的典型代表、以环境处罚为切入点研究环境处罚的经济后果具有一定的创新性，具体如下：

第一，从环境处罚的角度丰富了企业资本成本影响因素的研究。企业环境表现和资本成本的关系一直是学者们关注的话题，但现有文献多是研究环境规制和社会责任对企业融资的影响，忽略了研究环境绩效的特殊表现形式即环境处罚对企业融资的影响。本书以环境处罚为视角研究其对企业资本成本的影响，可以丰富企业资本成本影响因素的研究。另外，本书也同时考虑了企业的债务资本成本和权益资本成本，并充分比较环境处罚对两者的异质性影响和具体机制，深入揭示环境处罚对不同类型资本成本的影响机制。

第二，尽管已有研究普遍发现坏消息的隐瞒是造成公司股价崩盘风险的重要因素，但环境处罚作为企业被动披露负面环境信息的重要渠道，其本身是否具有信息含量从而加大公司未来股价崩盘的风险还鲜有研究。同时，考虑环境信息的披露质量，企业环境信息披露可分为软披露和硬披露，其中，硬披露为较高质量的环境信息披露，其对环境处罚与股价崩盘风险调节作用的研究也被学者们普遍忽略。通过上述问题的研究，可以丰富已有文献，同时揭示出不同类型环境信息所具备的双重作用。

第三，作为企业社会责任的重要组成部分，利益相关者越来越重视企业在环境责任方面的投入，但还鲜有从环境处罚角度来研究其对企业环境责任履行的影响。作为对利益相关者关注的回应，本书从企业环境责任履行的角度研究企业如何应对环境处罚，从而可以进一步丰富环境处罚经济后果的研究。另外，本书也从企业、行业和外部治理三个角度（包括媒体报道、政治关联以及行业竞争度三个影响因素）来研究环境处罚影响企业环境责任履行的路径，从而构建环境处罚影响企业环境责任的全面理论框架。

第四，已有学者重点从内部和外部因素，宏观、中观和微观因素等角度研究了影响企业“漂绿”行为的因素。在这些影响因素中，环境规制被认为是影响企业“漂绿”行为的重要因素之一，但以环境处罚为代表的环境规制工具对于企业“漂绿”行为的影响却一直被学者们所忽视，因此，本书研究环境处罚对企业“漂绿”行为的影响是对已有研究的有益补充。在此基础上，将公司层面的特征变量，如财务冗余、内部控制和政治关联等变量纳入研究框架，通过研究其在环境处罚和“漂绿”行为之间的调节作用，可以更深入地了解环境处罚在哪些条件下可以抑制企业的“漂绿”行为，从而构建起有效治理企业“漂绿”行为的理论框架。

第五，以往研究普遍将环境规制分为正式和非正式环境规制，根据环境规制所使用的具体工具，又将正式环境规制分为命令型和市场型环境规制。与以往研究不同，本书将环境规制分为处罚型和激励型两类环境规制。另外，以往的研究发现，环境规制会对企业绿色技术创新有显著影响，但研究结论并不一致，这很可能是因为学者们普遍忽略了不同环境规制工具之间存在的交互作用。因此，与以往研究认为不同环境规制工具能独立发挥作用的做法不同，本书根据实际情况研究了不同类型环境规制工具的交互作用（即环境处罚和环保补助）对企业绿色技术创新的影响，从而建立起更完整的理论框架，为环境规制的完善提供全面的理论指导。

第2章

文献回顾与述评

2.1 环境规制经济后果研究

环境政策的经济后果研究是近些年国内外学者关注的热点问题。从理论上来看，环境政策的经济后果研究有两大基本派别，一种是以权衡理论为基础形成的传统学派（Walley and Whitehead，1994），该学派认为环境政策会增加环境遵循成本，从而损害竞争优势；另一种是以“波特假说”为基础形成的修正学派（Porter and van der Linde，1995），该学派认为环境政策会通过鼓励技术创新来弥补增加的环境遵循成本，从而提高竞争优势。从当前研究的主要议题来看，其具体包括环境政策对财务绩效、技术创新以及环境绩效的影响。由于研究理论基础的差异，研究结论尚未统一。但从研究范式来看，不同研究议题呈现出同质性，大体都可分为研究线性关系（正相关、负相关、无关）以及非线性关系等主要结论。

2.1.1 环境规制对绿色技术创新的影响研究

关于环境规制与技术创新间关系的研究引起了国内外众多学者的兴趣，但是研究结论并不统一。

2.1.1.1　环境规制与技术创新的直接关系

环境规制与技术创新的直接关系一直是研究的重点。大部分学者的研究结论支持了波特假说，认为环境规制能够促进技术创新，包括生产技术创新和生态技术创新。生产技术创新方面，吉梅内斯（Jiménez，2016）以智利的中小企业为对象，研究发现非正式的环境规制有利于技术创新。赵红（2008）以 18 个工业产业为研究对象，证明环境政策对中国产业中长期的技术创新有一定的激励作用。霍尔巴赫等（Horbach et al.，2012）研究发现环境规制对技术创新有显著促进作用。亚巴尔等（Yabar et al.，2013）以日本的焚烧和家用电器的回收行业作为研究对象，发现环境规制不仅有利于专利数量的增加，还有利于新技术的发展。李阳等（2014）发现环境规制可以促进技术创新，但具有长短期效应且存在行业异质性。辛格等（Singh et al.，2017）以报废汽车行业为研究对象，发现环境规制强度越大，其对该行业的技术创新影响越显著。查克拉伯蒂和查特吉（Chakraborty and Chatterjee，2017）采用准自然实验方法，证实了环境政策颁布后，印度上游的染料制造商在创新方面的支出显著增加。

生态技术创新方面，约翰斯顿等（Johnstone et al.，2012）以 77 个国家 2001 ~ 2007 年的数据为基础，证实了严格的环境政策有利于环境创新。王锋正和郭晓川研究发现环境管制显著影响企业绿色工艺创新。游达明和杨金辉（2017）以博弈论方法为基础论证了公众参与作为环境规制的重要形式有利于企业进行生态技术创新。海特瑞（Hattori，2017）采用类似的研究方法研究证明，当污染者成本的纳税负担和/或污染产品需求的价格弹性很小时，更高的排放税将鼓励创新。卡莱尔和德切兹勒普雷（Calel and Dechezleprêtre，2016）发现欧盟的排放交易体系促进了监管企业的低碳创新。

除了正向促进作用外，部分学者的研究发现两者之间也可以为负相关关系，证实环境规制的遵循成本对技术创新具有挤出效应，波特假说未得到支持。

布鲁纳迈尔和科恩（Brunnermeier and Cohen，2003）研究发现，对于美国的制造业而言，由环境规制所引起的监管和执行活动的增加并没有为企业的技术创新提供动力。钦特拉克恩（Chintrakarn，2008）以美国的各州作为研究对象，发现严格的环境规制阻碍了美国制造业技术效率的提升。霍滕罗特和雷克斯豪瑟（Hottenrott and Rexhäuser，2015）以德国企业为例，发现环境规制对企业的内部研发支出具有挤出效应，尤其是面临融资约束的企业。谢乔昕（2016）发现在A股上市公司中，环境规制抑制了企业的研发投入。张彩云和吕越（2018）以中国工业企业为研究对象，研究发现绿色生产规制抑制了研发创新。

2.1.1.2 不同类型环境规制与技术创新

从研究两者直接关系的结论来看，学者们尚未形成统一的结论。因此，有学者也进一步区分了不同类型环境规制对技术创新的影响以及环境规制对不同类型技术创新的影响，从而更深入地研究两者之间的关系。

研究不同类型环境规制对技术创新的影响最为普遍。布蓝德（Blind，2012）以经济合作与发展组织（OECD）的21个国家为研究对象，将环境规制分为经济、社会和制度三种类型，发现不同类型环境规制都有利于技术创新。廖进球和刘伟明（2013）的研究显示，从环境政策的执行效果来看，环境税对技术创新的影响比命令型环境规制对技术创新的影响效果要更显著。周海华和王双龙（2016）的研究证明正式环境规制与非正式环境规制对企业绿色创新均具有显著的影响。孟凡生和韩冰（2017）运用演化博弈论和数值仿真方法验证了三种环境规制工具的合理组合（包括创新投入补贴、碳税和碳排放权交易）对低碳技术创新效果最佳。

2.1.1.3 环境规制与不同类型技术创新

同一类型环境规制对不同类型技术创新也可能产生异质性影响。贾菲和帕尔默（Jaffe and Palmer，1997）研究发现，滞后期的环境遵循支出对R&D的支出有促进作用，但对专利申请指标的影响不显著。克奈尔和曼德森（Kneller and Manderson，2012）研究发现，对于英国的制造业而言，环境规制促进了环境类研发创新，但对技术类的研发创新没有显著影响。张峰和田文文（2018）发现环境规制可以促进探索性创新，对开放式创新的促进作用不显著。冯和陈（Feng and Chen，2018）应用空间杜宾模型检验发现，在环境规制约束下，市场化的环境规制会通过鼓励绿色工艺创新而非绿色产品创新来促进产业绿色发展。

2.1.1.4 区域异质性与行业异质性的影响

除了研究不同类型环境规制、不同类型技术创新对两者间关系形成的影响外，也有学者进一步将区域异质性、行业异质性等影响因素纳入研究框架，并且采用分组检验方式来研究区域异质性与行业异质性对两者关系的影响。

王国印和王动（2011）考虑区域异质性，通过研究发现，东部地区的环境规制有利于技术创新，而中部地区的环境规制不利于技术创新。曾义等（2016）研究了不同地理位置环境规制对企业创新转型行为的影响发现，与地处中心城市的企业相比，环境规制对偏远地区企业创新转型的积极作用较弱。

任胜钢等（2016）以工业行业为研究对象，考虑行业异质性，发现环境规制对中度和轻度污染行业的技术创新具有促进作用，但对重度污染行业的影响并不显著。王锋正和郭晓川（2016）研究结论显示，环境规制强度对R&D效率的显著正向影响只存在于重污染密集型行业，清洁生产型行业中两者之间的关系不显著。米兰妮（Milani，2016）以28个OECD国家为对象研究发现，与轻污染行业相比，重污染行业在环境规制的压力下进行技术创新的程度更低。

2.1.1.5 环境规制与技术创新的非线性关系

除了研究线性关系外，学者们也研究了两者间可能存在的非线性关系。其中，马海良等（2012）运用结构—行为—绩效分析框架研究证明，无论是即期还是滞后期，环境规制与技术创新之间呈倒“U”型。佩里诺和瑞卡特

(Perino and Requate，2012)、李婧（2013)、韩先锋等（2014）也都得出倒“U”型关系的结论。陶长琪和琚泽霞（2016）认为两者间倒“U”型关系仅限于环境规制与技术开发，环境规制与技术转化之间不存在倒“U”型关系。与倒“U”型结论相反，蒋伏心等（2013）的研究结论显示，环境规制与企业技术创新之间为“U”型，随着环境规制强度由弱变强，影响效应由抵消效应转变为补偿效应。而宋文飞等（2014）得出了“U”型和倒“U”型可能同时存在的结论。在外商直接投资、贸易自由化和市场化水平门槛条件下，环境规制对R&D转换效率的影响呈“U”型特征；在行业获利能力、规模化水平门槛条件下，环境规制对R&D转换效率存在倒“U”型作用机制。

有学者也进一步研究了不同类型环境规制与技术创新形成的非线性关系是否存在差异。彭星和李斌（2016）的研究认为，命令控制型环境规制的非线性影响效应并不存在，但经济激励型环境规制与自愿意识型环境规制的增强可明显提高绿色技术创新水平，促进工业绿色转型。张平等（2016）研究发现，费用型环境规制和投资型环境规制均会对技术创新产生正影响，且均存在门槛效应。可以看出，对于环境规制与技术创新的非线性关系研究，除了传统采用的将环境规制平方项纳入回归方程的方法外，越来越多的学者也采用门槛效应模型来进行研究。

此外，学者们也研究了区域异质性对于环境规制与技术创新间非线性关系的影响。张成等（2011）研究发现，在东部和中部地区，环境规制强度和企业生产技术进步之间呈现“U”型关系；在西部地区，环境规制强度和企业的生产技术进步之间不存在显著的“U”型关系。沈能和刘凤朝（2012）认为，环境规制与技术创新的“U”型关系在较发达的东部地区则得到了很好的支持，但是在较落后的中西部地区难以得到支持。彭星和李斌（2016）研究发现，东部地区命令控制型环境规制并未对绿色技术创新及工业绿色转型形成有效激励，但经济激励型环境规制与自愿意识型环境规制的正向促进效应明显，呈“U”型关系。中西部地区命令控制型环境规制有着负向影响效应，经济激励型环境规制和自愿意识型环境规制对绿色技术创新和工业绿色转型的非线性影响均不显著。

类似地，以工业行业为对象，李勃昕等（2013）研究发现，环境规制与工业行业的 R&D 的创新效率整体呈现出倒“U”型关系，并且具有行业异质性。刘伟等（2017）考虑行业异质性，支持了环境规制与技术创新之间为“U”型关系这一结论，并且清洁型行业对环境规制的反应更快。

2.1.1.6　调节变量对环境规制与技术创新关系的影响

由于研究结论的不一致，学者也考虑了两者之间可能存在的更为复杂关系，研究了调节变量对两者关系的影响，从多维度揭示两者之间的关系。其中，区域异质性以及行业异质性对两者关系可能产生影响的研究前面已述及，不再赘述。表 2－1 整理了影响环境规制与技术创新关系的调节变量以及影响方向。

表 2－1　　影响环境规制与技术创新关系的调节变量及影响方向

调节变量	研究结论	文献
制度环境	正向调节	马富萍和茶娜（2012）
财务控制	正向调节	李拓晨和丁莹莹（2012）
低融资约束	正向调节	娄昌龙和冉茂盛（2016）
高管短期薪酬 高管持股比例	正向调节	于金和李楠（2016）
地方官员的晋升压力	负向调节	钱爱民（2017）
股权集中度 董事会规模	负向调节	曹慧平和沙文兵（2018）
管理层薪酬激励 股权激励	正向调节	曹慧平和沙文兵（2018）
环境执法力度	负向调节	任胜钢等（2018）
董事会治理	正向调节	王锋正和陈方圆（2018）
政府质量	正向调节	王锋正等（2018）
规制俘获	负向调节	谢乔昕（2018）
官员更替 与政府打交道时间	负向调节	张峰和田文文（2018）

此外，有学者的研究结论也证实调节变量对两者关系的影响是有条件的，并非简单的正向或负向调节作用。蒋为（2015）研究显示，如果企业是处于产权保护较好的城市或者是处于重度污染行业的企业，那么环境规制对于技术创新的促进作用会更加显著。曹勇等（2015）发现，政府支持对调控性环境规制与技术创新间的关系有正向调节作用，而对自愿性环境规制与技术创新之间有负向调节作用。孙伟和江三良（2016）研究发现，政府投入对环境规制下的创新效率存在一定的促进作用，增加研发前的政府投入能够显著地促进环境规制下的创新效率，而研发后政府投入的作用较小。由此可以看出，当前学者对于调节变量的选择呈现出多样性，并未统一。

2.1.2 环境规制对环境治理的影响研究

环境规制对环境治理影响的研究主要可以分为两类：一类是从环境治理投入的角度来研究环境规制对环保投资的影响；另一类是从环境治理效果的角度来研究环境规制对环境绩效以及企业绿色转型发展的影响。

2.1.2.1 环境规制对环保投资的影响研究

鉴于企业是环保投资的主体，因此，现有文献主要集中于研究环境规制对企业环保投资的影响，并得到了等各种可能结论。

从合法性理论或利益相关者理论出发，为了获取生存的合法性或者满足利益相关者的要求，企业往往会选择遵守环境规制的要求，增大环保投资，从而得到正相关的研究结论。李和阿尔姆（Lee & Alm，2004）以美国清洁空气修正案的颁布为背景，通过研究发现，命令型环境规制颁布后，企业显著增加了对污染减排设备的投资。谢智慧等（2018）发现，在重污染企业中，环境规制促进了环保投资。由等（You et al.，2019）证实，环境规制促进了企业生态创新技术的投资。

从权衡理论出发，对短期内环保投资的成本以及遵循环境规制的收益进行权衡后，企业往往会选择减少环保投资，从而得到负相关或无关的结论。马珩等（2016）发现，环境规制与企业环保投资之间为负相关关系。崔广慧和姜英兵（2019）发现，新环保法的实施并未提高企业环保投资的积极性，企业反而缩减了生产规模。马德森（Madsen，2009）研究发现，环境规制整体上对汽车企业的投资没有显著影响。

鉴于线性关系的研究未形成统一结论，学者们也研究了两者间更为复杂的关系。唐国平等（2013）以2008～2011年披露环保投资的A股上市公司为研究对象，得到环境规制与企业环保投资之间为“U”型关系的结论。类似地，李月娥等（2018）以2013～2016年披露环保投资的A股上市公司为研究对象，信春华等（2018）以煤炭上市公司为研究对象，也得到了两者间为“U”型关系的结论。相反地，李强和田双双（2016）以2008～2013年重污染企业的数据为基础，发现环境规制与企业环保投资之间为倒“U”型关系。莱特等（Leiter et al.，2011）以欧盟21个国家的9个制造业行业为研究对象，通过研究发现，环境规制与投资之间呈现出倒“U”型关系。

除了企业外，地方政府也是环境治理的主体，为了全面反映环境规制对环境治理的影响，少量学者也研究了环境规制对地方政府以及企业环境治理的综合影响。彭熠等（2013）以30个省份为对象，通过研究认为，环境规制促进了工业废气治理投资的增加，进一步实现了污染排放的减少。张平淡（2018）研究发现，地方的环保支出可以缓解环境财政分权对环境绩效的不利影响。张平淡等（2019）研究发现，环境法治促进了环保投资，进一步推动了治污减排。

2.1.2.2　环境规制对环境绩效的影响研究

环境规制对环境绩效的影响是根植于“波特假说”研究的一个重要内容。从政府层面而言，颁布并推行众多环境规制的其中一个目的在于解决环境问题的市场失灵，减少企业对于环境的不利影响，提高环境质量。另外，从理论分析来看，环境规制的颁布是为了降低企业活动对自然环境的不利影响，从而显著提高环境绩效（Yu et al.，2017）。因此，环境规制有利于环境绩效的提高。但是，从实证研究的结果来看，关于两者之间关系的结论至今尚未统一，各种可能的结果均出现了。

（1）环境规制与环境绩效的直接关系

①正相关。对于环境规制与环境绩效间直接关系的研究，多数学者以利益相关者理论、制度理论或者合法性理论作为理论基础，结论支持了两者间的正相关关系。达斯古普塔等（Dasgupta et al.，2001）研究发现，在中国的制度背景下，政府环境管理部门的例行检查是提高企业环境绩效的决定因素。埃斯蒂和波特（Esty and Porter，2002）研究发现，各国之间环境绩效的差异与各国之间现行的环境制度体系密切相关。卡根等（Kagan et al.，2003）发现，更加严格的规制要求以及政治压力可以带来环境绩效的显著改善。塞罗亚·达莫塔（Seroa da Motta，2006）发现，对于巴西的制造行业，环境规制的要求是企业采取更加环保实践活动的决定性因素，进一步促进了环境绩效的提升。德·布里托等（De Brito et al.，2008）以欧盟国家为例，揭示了环境规制是改善区域环境的关键因素。刘等（Liu et al.，2010）研究表明，绿色监管项目促进了企业环境信息的披露以及环境绩效的改善。彭熠等（2013）发现环境规制有利于工业废气减排的实现，尤其是滞后一期的环境规制效果最好。古尔德森等（Gouldson et al.，2014）得到了与埃斯蒂和波特（2002）相似的结论，认为环境规制标准之间的差异可以导致不同的环境绩效。拉曼纳坦等（Ramanathan et al.，2014）研究发现，环境规制对环境绩效有显著正影响。沈洪涛和周艳坤（2017）认为，环保约谈显著地提升了被约谈地区国有企业的环境绩效。

此外，对于环境绩效指标的衡量，以 DEA 为基础的各种改良方法也被广泛采用。应用 DEA 方法对环境绩效进行衡量进一步验证了环境规制对环境绩效有显著影响，如张建升（2016）的研究结论。

为了能够更深刻地揭示环境规制对环境绩效的影响，也有学者进一步将环境规制区分为不同类型，研究不同类型环境规制对环境绩效的影响。最常见的分类方法是，将环境规制分为正式环境规制和非正式环境规制，并在不同国家中都得到了正相关的结论，包括印度尼西亚（Pargal and Wheeler，1996）、韩国的制造业企业（Aden et al.，1999）、英国的制造业企业（Cole et al.，2005）、巴西的制造业企业（Féres and Reynaud，2012）。此外，门德斯和桑托斯（Mendes and Santos，2008）研究发现，经济类环境规制工具，如排污费以及欧盟碳排放交易体系，显著地遏制了航空业的污染排放。卡米松（Camisón，2010）研究发现，合作型的以及个人自愿型的环境规制均促进了环境绩效的改善。赵等（Zhao et al.，2015a）研究表明，市场型的环境规制以及政府补助对二氧化碳排放量的减少有积极影响。唐啸等（2016）采用扎根理论研究发现，中国环境绩效的改善可以通过对官员的非正式激励来保证约束性环境政策得到充分执行，而正式的激励并不能对约束性环境政策的执行有显著影响，从而不能提高环境绩效。

②负相关、无关。除了得到两者之间为正相关的结论外，也有学者的研究结论证实了两者之间的关系为负相关或者无关。安东等（Anton et al.，2004）研究发现，环境规制及市场压力对污染物排放的减少并没有直接关系。污染物排放的减少在于鼓励企业通过制度的转变，从而更加关注环境。卡西尼斯和瓦菲斯（Kassinis and Vafeas，2006）揭示了环境规制的监管层与有毒物质的排放之间并没有直接关系。张等（Zhang et al.，2008）证明了，当企业已经满足了基本的环境规制要求之后，环境规制就不会对环境绩效有显著影响。卡米松（2010）的研究表明，正式的环境规制在促进环境绩效改善方面的作用为负。阿甘等（Agan et al.，2013）的研究表明，仅依靠政府的环境规制并不能有效处理环境污染和气候变化问题。郭等（Guo et al.，2017）认为环境规制对区域绿色经济的增长有负影响。格拉夫兰和斯米德（Graafland and Smid，2017）认为，与企业预想的社会许可压力相比，环境规制在改善环境绩效方面表现的作用更弱。

（2）环境规制与环境绩效的非线性关系

除了两者间的线性关系外，也有小部分学者研究了两者之间可能存在的非线性关系。沈能（2012）发现，环境规制与环境效率之间呈倒“U”型关系，且行业异质性会对两者关系产生影响。黄清煌和高明（2016）区分了不同类型环境规制以及不同时期不同类型环境规制对节能减排效率的影响，并将研究期间区分为两个阶段（第一阶段为 2001 ~ 2006 年，第二阶段为 2007 ~ 2012 年）。研究发现，命令型环境规制与节能减排效率之间呈倒"U"型关系，但只在第一阶段发挥作用；市场型环境规制与节能减排效率之间呈"U"型关系，而公众参与型环境规制与节能减排之间呈现倒"U"型关系，两者均在第二阶段发挥作用。

（3）环境规制与环境绩效的间接关系

除了考虑环境规制与环境绩效之间的线性和非线性关系外，也有学者考虑了一系列变量对两者关系的调节或中介作用。范和贝尔德（Phan and Baird，2015）研究认为，环境规制会引起环境管理系统的优化，进一步促进环境绩效的优化。杨雪锋等（2015）认为，政府的环境管制与政治周期密切相关。两会期间，政府加大环境管制的结果就是降低能耗强度、提高环境绩效。于等（2017）发现环境创新战略在环境规制与环境绩效关系之间起到中介作用。郭等（2017）发现技术创新在环境规制与区域绿色增长绩效之间发挥着中介桥梁的作用。

整体来看，学者们关于环境规制与环境绩效间关系的研究越来越深入，但并未得到与理论分析相一致的结果，两者间的关系还不明确。同时，对于环境规制与环境绩效间非线性关系的研究还很有限。另外，部分学者的研究，对于环境绩效的衡量多是采用改良后的 DEA 方法来衡量，衡量的结果实际应为环境效率，而非严格意义上的环境绩效。

2.1.2.3 环境政策促进工业绿色发展的研究

根据现有实证研究结论，影响工业绿色发展水平的常见因素包括技术创新以及产业结构、能源结构、工业结构等结构因素。其他影响因素包括能源政策、承接产业转移、人力资本、人均收入、工业资本密集度、资源禀赋等。

环境政策是影响工业绿色发展的重要因素。但受限于工业绿色发展概念提出的时间较晚，与其他研究主题相比，环境政策促进工业绿色发展的研究还处于起步阶段，相关文献较少。在政策效果的研究方面，查建平等（2014）以及王鹏和尤济红（2016）的研究均发现环境政策对工业经济的增长方式有显著正影响，且存在空间差异性。张江雪等（2015）进一步将环境政策区分为行政型、市场型和公众参与型三种，研究发现，不同类型环境政策对工业绿色增长的影响程度不同，且受地区绿化度的影响。彭星和李斌（2016）的研究也支持了不同类型环境政策对工业绿色发展有不同影响的结论，同时，两者间关系受区位因素影响，存在异质性。除线性关系外，学者的研究结论也证明环境政策与工业绿色发展之间为“U”型、倒“U”型关系、倒“N”型等非线性关系。此外，清洁生产行业标准政策、节能消费激励政策、排污费征收政策、环境税政策、环境保护费改税政策、绿色税收政策、环境执法监督以及环境分权等不同类型环境政策也均能实现企业的绿色转型（于连超等，2019；于连超等，2021；张建鹏和陈诗一，2021；王嘉鑫和孙梦娜，2021）。在影响机制的研究方面，环境规制主要通过“创新补偿效应”和“成本遵循效应”对工业绿色转型产生影响（孙海波和刘忠璐，2021）。环境规制压力能倒逼企业开展绿色技术创新，助力企业绿色转型。陶锋和王余妃（2018）研究发现，环境政策通过引导研发偏向进而促进绿色生产率的增长，推动工业绿色发展。申晨等（2017）研究发现，环境政策通过技术效应和结构效应两个渠道来促进区域工业绿色发展，揭示了环境政策影响工业绿色发展的传导机制。

2.1.3　环境规制对财务绩效的影响

环境绩效与财务绩效间关系的研究是根植于“波特假说”的另一个重要研究内容。自20世纪70年代美国学者布拉格顿和马林（Bragdon and Marlin，1972）进行相关研究以来，许多学者投入到该内容的研究中，然而至今尚未形成统一的认识。一开始，学者们争论的焦点在于企业值不值得“绿化”，传统学派认为环境绩效的提升会降低企业的财务绩效，即企业不值得“绿化”（it costs to be green）；而修正学派认为环境绩效的改善有利于财务绩效的提升，即企业值得“绿化”（it pays to be green）。随着研究的深入，学者们争论的焦点更多地偏向于何时“绿化”以及如何“绿化”等问题（when and how to be green）。

2.1.3.1 环境绩效与财务绩效的直接关系

直接研究环境绩效与财务绩效间的直接关系可以视为研究两者关系的第一阶段。在这一阶段，学者们主要采用线性模型来研究两者间的直接关系，得到的结论包括正相关、负相关和无关。

（1）正相关

大量的学者证明了环境绩效与财务绩效之间的正相关关系，如哈特和阿胡贾（Hart and Ahuja，1996）、鲁索和福茨（Russo and Fouts，1997）、奈卡等（Nakao et al.，2007）、齐等（Qi et al.，2014）和戈麦斯－贝萨雷斯（Gómez-Bezares et al.，2017）。也有一部分学者的部分研究结论中证明了两者间的正相关关系。克拉克森等（Clarkson et al.，2011）研究证明当环境绩效用废弃物的排放强度来衡量时，环境绩效与财务绩效呈现出显著的正相关性。霍尔瓦托瓦（Horváthová，2012）研究后认为，当环境绩效滞后一年，两者之间呈现负相关关系；而当环境绩效滞后两年，两者之间呈现出正相关关系。这也证明了环境绩效的投入需要一定的时间才能显现出积极的效果。藤井（Fujii et al.，2013）的研究证明以二氧化碳的排放量作为环境绩效的代理变量时，环境绩效与财务绩效之间呈现出正相关关系。穆罕默德等（Muhammad et al.，2015）将整个研究期间划分为发生经济危机前和发生经济危机时。而实证结论证明，在发生经济危机前，环境绩效与财务绩效两者之间呈现正相关关系。胡曲应（2012）以上市公司为研究对象，研究后发现，积极有效的环境预防管理可以实现环境绩效与财务绩效共赢，并提出环境绩效对财务绩效存在边际效用递减的现象。李等（Li et al.，2017）研究发现，企业绿色环境绩效对企业财务绩效的提升有显著作用。

除了学者们广泛采纳的线性模型外，由于涌现出了大量研究结论各异的实证研究，部分学者也采用元分析法（Meta-analysis）对两者的关系进行研究。霍尔瓦托瓦（2010）以37篇实证研究的64个结果为基础认为，大部分研究结论都证明两者之间的正相关关系。在此基础上，恩德里克等（Endrikat et al.，2014）认为霍尔瓦托瓦（2010）的研究并不是真正意义上的元分析，而是票选技术。真正的元分析方法整体上支持了环境绩效与财务绩效之间的正相关关系。奥利茨基（Orlitzky，2011）和迪克森－福勒等（Dixon-Fowler et al.，2013）也均以元分析方法为基础，整体上支持了两者之间的正相关关系。与国外学者相比，国内学者在应用元分析方法对两者关系进行研究的数量还很少。孙燕燕等（2014）以49篇的实证研究中的118个结果为基础，通过研究发现，环境绩效与财务绩效之间存在显著的差异会受到样本观测期、滞后期、国别、财务指标类型等因素的影响。

（2）负相关

环境绩效与财务绩效之间呈现出负相关关系也是学者们普遍得出的结论，如科代罗和萨基斯（1997）、萨基斯和科代罗（Sarkis and Cordeiro，2001）、费尔贝克和戈尔曼（Filbeck and Gorman，2004）、柳依和夏尔马（Lioui and Sharma，2012）以及罗德里格等（Rodrigo et al.，2016）。以下学者的部分研究结论也得出两者之间呈现负相关关系。霍尔瓦托瓦（2010）研究后认为，与高级计量经济的方法相比，使用相关分析容易使得两者间的关系为负相关。另外，以组合方法为基础的研究容易遗漏重要影响变量，使得两者间的关系也为负相关关系。柳依和夏尔马（2012）认为企业的社会环境责任绩效与财务绩效之间为负相关关系。多布勒等（Dobre et al.，2015）研究发现，当财务绩效以权益净利率来衡量时，环境绩效对财务绩效有显著的负影响。

（3）无关

部分学者同样得出两者之间的关系为无关的结论，如格雷夫斯和瓦多克（Graves and Waddock，1999）、麦克威廉斯和西格尔（Mcwilliams and Siegel，

2000）、特里布斯韦特和希钦斯（Triebswette and Hitchens，2005）以及谢蒂等（Chetty et al.，2015）。穆罕默德等（2015）研究发现，在经济危机期间，企业环境绩效与财务绩效无关。

2.1.3.2 环境绩效与财务绩效的非线性关系

从各异的研究结果来看，当前还缺少统一被大家广泛接受的研究框架。这也进一步促使学者们思考，环境绩效与财务绩效之间的关系未必就是简单的正相关、负相关或者无关（Wagner et al.，2002）。因此，研究两者之间是否存在非线性关系就成为另一项重要研究内容，而当前的研究结论也不一致。刘中文和段升森（2013）以中国制造业上市公司为研究对象，发现两者之间存在“U”型关系。特鲁姆普和关特尔（Trumpp and Guenther，2015）以国际性的制造业和服务业企业为研究对象，通过研究发现，两者之间存在显著的“U”型关系。拉曼纳坦（2016）以英国的制造业企业为研究对象也得出了相同的结论。相反，也有学者研究后发现，环境绩效与财务绩效之间存在着显著的倒“U”型关系，如瓦格纳和布洛姆（Wagner and Blom，2011）、藤井（2013）以及米萨尼和波古茨（Misani and Pogutz，2015）。

2.1.3.3 环境绩效与财务绩效的间接关系

鉴于研究结论尚未统一，学者们也考虑两者之间存在的间接关系，并将一些可能影响两者关系的调节变量或者中介变量纳入研究框架中。

众多的学者从调节变量入手考虑调节变量对两者关系的影响，具体包括企业的成长性（Iwata and Okada，2011；Konar and Cohen，2001；Russo and Fouts，1997）、股东价值导向的企业战略（Wagner and Schaltegger，2004）、企业的环境战略（Wagner，2005）、企业的广告强度（Wagner，2010）、市场重点和竞争强度（程巧莲和田也壮，2012）、资源的冗余情况（Qi et al.，2014）、企业的经营效率（Ramanathan et al.，2015）、环境处理过程（Misani and Pogutz，2015）、行业层面的环境风险（Semenova and Hassel，2016）、

区位因素及资源禀赋（陈璇和淳伟德，2010；杨霞和王乐娟，2016）、产权性质（杨霞等，2017）。

相对于调节变量而言，学者们考虑中介变量的较少，具体包括企业的资源情况及竞争优势（López-Gamero et al.，2009）、企业无形资源的情况（Surroca et al.，2010）、顾客的满意程度及忠诚程度（Feng and Wang，2016）。

除了上述变量，技术创新是影响两者关系的另一个重要变量。但是，现有的文献普遍将技术创新作为控制变量来处理，如恩德里克等（2014）、特鲁姆普和关特尔（2015）。少部分学者研究了技术创新在两者关系中的调节作用，如赫尔和罗森伯格（Hull and Rothenberg，2008）、瓦格纳（2010）。对于技术创新在环境绩效与财务绩效中中介效应的研究就更少。苏罗卡等（Surroca et al.，2010）研究证明技术创新在社会责任绩效与财务绩效中发挥中介效应。

2.1.3.4　环境绩效与财务绩效的互动关系

除了研究环境绩效与财务绩效之间单向的线性与非线性关系外，还有部分学者研究了两者之间的互动关系，除了考虑环境绩效对财务绩效的影响外，也考虑了财务绩效对环境绩效的影响。

杨东宁和周长辉（2004）是国内学者中最早开始研究两者互动关系的。他们构建了基于组织能力的企业环境绩效理论模型，认为组织能力是环境绩效与财务绩效之间的纽带，可以实现两者之间的良性互动。吕峻和焦淑艳（2011）以造纸业和建材业上市公司为对象，证明了两者之间的互动关系。张长江等（2016）以重污染行业上市公司为研究对象，发现两者关系之间存在双向正向影响。龚光明和张旻（2016）认为，环境绩效与财务绩效之间存在着互动关系，而生态效率指标是体现两者关系的核心指标。通过对生态效率指标的分析，可以实现两者关系的良性循环。当然，除了认为两者之间存在正向的双向互动关系外，罗德里格等（2016）得出了相反的结论，认为两者之间不存在显著的双向互动关系。

尽管对环境绩效与财务绩效间关系的研究尚未形成统一的结论，但国内外学者已积累大量的研究。与其他研究问题相比，国内学者对于环境绩效与财务绩效间关系的研究在广度和深度上落后于国外的研究。这其中可能的原因在于，对于环境绩效指标的衡量以及相应数据的可获取性。国外学者在衡量环境绩效指标时多采用由独立第三方提供的数据库，如 TRI、EPRTR、BMAC 等，而国内学者由于缺少类似的数据库提供相应的数据，只能由学者手工进行收集。这就造成，一方面，研究的期限较短，一般涵盖 3～5 年；另一方面，环境绩效的衡量指标较为粗糙，比如以是否受到环境惩罚作为代理变量或者以企业的排污费作为代理变量，从而制约了相应研究的继续开展。另外，现有的研究往往只考虑将技术创新作为控制变量来处理，忽视了对技术创新在环境绩效与财务绩效关系中中介效应的研究，同时也忽略了两者之间可能存在的动态关系。

2.2 环境处罚的经济后果研究

2.2.1 环境处罚的制度背景

自改革开放以来，中国的经济发展取得了长足进步。然而，经济的快速增长也造成了环境污染和退化（Karplus et al.，2021；Shahab et al.，2018；Shahab et al.，2021）。为解决这一问题，我国政府从 20 世纪 70 年代以来，一直致力于建立起健全有效的环境治理体系，包括不断出台和完善一系列法律、行政法规和行业标准（Zheng and Shi，2017）。迄今为止，中国政府已建立起以命令型环境规制为主、以市场型环境规制为辅、以公民和社区等社会公众共同参与的多层次现代环境治理体系（Xie et al.，2017；Zhang et al.，2022）。其中，以政府为主导的环境规制是规范企业环境行为、推动生态环境根本好转、建设生态文明和美丽中国的有力支撑。

政府可以同时利用惩罚性和激励性措施来规范企业的环保行为。其中，惩罚性措施包括环境处罚，激励性措施包括政府补贴和税收优惠等

（Shevchenko，2021）。过去40年里，我国政府已制定并实施了一系列环境的法律法规。这些法律法规的出台为违规企业实施环境处罚奠定了坚实的法律基础（Shahab et al.，2022）。典型的法规包括《环境保护法》《生态环境行政处罚办法》《大气污染防治法》《水污染防治法》和《清洁生产促进法》等（Xie et al.，2017；Li et al.，2020；Shahab et al.，2023）。与环境处罚相关的法律法规详细信息见表2－2。可以看到，环境处罚已成为政府进行环境治理的重要手段。根据生态环境部提供的数据（见图2－1），2014～2022年，环境处罚的数量整体呈现出先上升后下降的趋势，2017年为环境处罚数量最高的年份；而环境处罚金额呈现出先上升后波动下降趋势。整体而言，来自政府方面惩罚性监管压力的不断增加会对企业的融资行为和环保行为产生重大影响。

表2－2　　中国与环境处罚相关的法律法规

年份	名称	颁布部门	备注	类型
1999	环境保护行政处罚办法	国家环境保护总局	1999年8月6日施行，2010年3月1日废止	部门规章
2010	环境行政处罚办法	环境保护部	2010年3月1日起施行，2023年7月1日废止	
2023	生态环境行政处罚办法	生态环境部	自2023年7月1日起施行	
2021	企业环境信息依法披露管理办法	生态环境部	自2022年2月8日起施行	
2017	建设项目环境保护管理条例（修订版）	国务院	自1998年11月29日起施行	行政法规
2021	排污许可管理条例		自2021年3月1日起施行	
2012	清洁生产促进法	全国人民代表大会常务委员会	自2012年7月1日起施行	法律
2014	环境保护法（修订版）		自1979年9月13日起施行	
2017	水污染防治法（修订版）		自2008年6月1日起施行	
2018	大气污染防治法（修订版）		自1988年6月1日起施行	
2018	环境影响评价法（修订版）		自2003年9月1日起施行	
2020	固体废物污染环境防治法		自2020年9月1日起施行	
2021	环境噪声污染防治法		自2022年6月5日起施行	

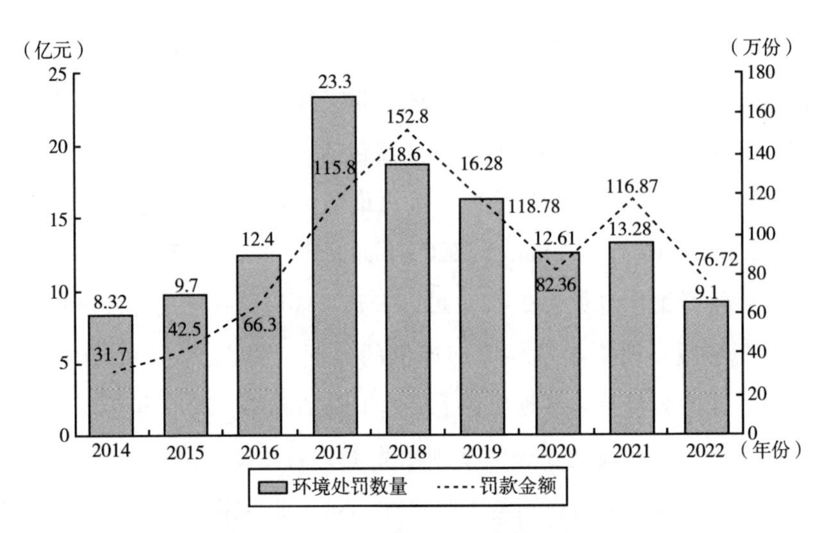

图 2-1　各年环境处罚的数量和金额

从上述文献梳理可以看到，以环境规制为基础的经济后果研究已较为丰富，但是环境规制的外延较为广泛。从环境规制的灵活与否出发，可以将环境规制分为灵活性环境规制及非灵活性环境规制。其中，灵活性环境规制鼓励企业通过产品创新或者工艺创新来满足环境规制的要求，其更多的是通过市场机制的手段来实现的；而非灵活性环境规制则要求企业采用某一具体的技术或者工艺来达到某一目标，他主要是通过政府的监管来实现的（Majumdar and Marcus，2001）。除此之外，费雷斯和雷诺（Féres and Reynaud，2011）将环境规制分为正式环境规制与非正式环境规制，或者是显性环境规制与隐性环境规制（赵玉民等，2009）。正式环境规制又包括了命令型环境规制和市场型环境规制；非正式环境规制主要包括自愿型环境规制和社会公众的参与（彭星和李斌，2016）。与正式环境规制相比，显性环境规制除了命令型和市场型的环境规制外，还包括自愿型环境规制；而隐性环境规制则是指内在于个体的、无形的环保思想、环保观念、环保意识、环保态度和环保认知等（赵玉民等，2009）。可以看出，命令型、市场型、自愿型环境规制以及社会公众的参与都是环境规制的重要组成部分。

除了上述常见分类外，根据环境规制所使用的工具以及发挥作用的形式，还可以将环境规制分为处罚型环境规制（如环境处罚）和激励型环境规制（如政府环保补贴、税收优惠、环境标志认证等）。环境处罚作为直接有效的行政干预方式，在规范和引导企业环境行为方面发挥了重要作用，但现有关于环境处罚经济后果研究主要聚焦于对公司股价以及市场价值的影响研究，对企业后续融资行为以及后续环境行为的影响研究还较为缺乏。

2.2.2　环境处罚对股票市场的影响

虽然学者们从不同的角度研究了环境处罚的经济后果，但大多数研究集中于股票市场对企业环境违规行为的反应。大部分研究结果表明，违规企业在受到环境处罚后，其股票价格（Zou et al.，2015）和市场价值（Brady et al.，2019；Lo et al.，2018）均会下降，这种市场惩罚机制在发达国家和发展中国家都得到了验证，包括美国（Brady et al.，2019）、欧洲（Bouzzine and Lueg，2020）、加拿大（Lanoie et al.，1998）、韩国（Dasgupta et al.，2006）、中国（Jin et al.，2020；Xu et al.，2016）、印度和墨西哥（Dasgupta et al.，2001；Gupta and Goldar，2005）等。

此外，也有研究考察了企业受到环境处罚后产生的声誉损失。研究结果表明，环境处罚自然也会损害企业的声誉（Lin et al.，2016；Zou et al.，2015）。还有研究认为，股票收益既反映了环境处罚带来的有形损失（如财产处罚直接造成的资金流出），也反映了无形损失（如品牌、形象、声誉的损害等）（Xiong et al.，2021）。

2.2.3　环境处罚的传染效应及威慑效应

除了研究环境处罚对企业自身的影响外，学者们还研究了企业受到环境处罚是否会影响同行业其他企业或者供应链上下游的非违规企业。布津和卢格（Bouzzine and Lueg，2020）发现，“柴油门”环保丑闻不仅降低了大众汽车自身的股票收益，也降低了行业内其他企业的收益。邹等（Zou et al.，2015）发现，与环境违规企业处于同一行业且具有相似现金流特征的企业，其股票价格与违规企业的股票价格一样均产生了负面反应。这两项研究共同证明环境处罚具有传染效应。从供应链的角度来看，罗等（Lo et al.，2018）研究发现，如果某一家企业涉及环境违规事件，其下游海外客户的市场价值也会随之下降。类似地，熊等（Xiong et al.，2021）考虑整个供应链的情况发现，环境违规行为不仅对违法企业自身的财务绩效有负面影响，对其供应链上合作伙伴（包括客户和供应商）的财务绩效也均有负面影响，从而验证了环境处罚存在溢出效应。

从环境处罚威慑效应的研究结果来看，学者们的研究结论并不一致。姜楠（2019）以国家重点监控企业为研究对象，发现处罚标准与重点监控组合共同起到了较好的威慑作用，但环境罚款及其他处罚措施在责令企业整改方面效果并不乐观。徐彦坤等（2020）也发现，中国的环境处罚并未对企业的减排决策产生实质性影响，仅降低了企业绝对排污水平。相反，王等（Wang et al.，2019）以及王云等（2020）均发现，企业受到环境处罚后，会通过同伴路径影响使同行业其他企业增加环保投资，证实了环境处罚的威慑作用。陈晓艳等（2021）研究发现，环境处罚的频次以及力度均能够促进企业环境治理，无论是从过程维度的环境治理，还是结果维度的环境治理，这也证明环境处罚具有威慑作用。周志方和代益香（2023）发现，供应商受到环境处罚后会显著降低下游企业的股价波动风险，侧面验证了对供应商的环境行政处罚具有间接的威慑效应。

除了研究股票市场的反应外，学者们还研究了信贷市场对环境处罚的反应。邹等（Zou et al.，2017）的研究表明，企业受到环境处罚后其贷款水平会显著下降，从而证实了信贷市场也存在惩罚机制。刘莉亚等（2022）证实，环境行政处罚会影响企业的营业收入，导致债券违约风险上升，这种现象在重污染行业和中央环保进行督察之后更加明显。另有少数学者研究了环境处罚如何影响企业的现金流（Blanco et al.，2009）、政治成本（Patten and Trompeter，2003）、慈善捐赠（Wu et al.，2021）和环境绩效（Shevchenko，2021；Habib and Bhuiyan，2017）。整体而言，与环境规制的经济后果研究相比，环境处罚的经济后果研究相对较少，相关研究有较大拓展空间。

2.3　文献评述

综合国内外的研究情况来看，根植于“波特假说”，经过40年的深入研究，对于环境规制、技术创新、财务绩效与环境绩效间相关关系的认识已经越来越丰富。同时，学者们的研究热情并未消退。一方面，随着环境问题越来越严峻，如何处理好经济发展过程中的环境问题，平衡好环境保护和经济发展已成为世界性难题；另一方面，学术界目前对于相关问题的研究尚未得出统一的结论，这进一步激励了越来越多的学者参与到相关的研究中。从研究内容来看，尽管研究的具体主题可能不一致，但是对于两个要素间关系的研究，比如对环境规制与环境绩效间关系的研究、对环境规制与财务绩效间关系的研究、对环境规制与技术创新间关系的研究、对技术创新与财务绩效间关系的研究等都遵循着基本的研究范式，包括研究两者间的直接关系、非线性关系或者间接关系。在研究要素间的线性和非线性关系时，有学者进一步区分环境规制的类型或者技术创新的类型或者绩效的类型对研究的结论的可能的影响。另外，也有学者将行业异质性、区位因素等内容纳入研究框架中，使得研究越来越深入，对于彼此间关系的认识也越来越深刻。而对于要素间间接关系的研究，所引入的调节变量或中介变量的类型也越来越丰富，比如环境战略、环保投资、技术资本、产业集聚效益、制度环境等变量。整体来看，任意两个要素相互关系的研究已经有了一定的基础，而且研究视角更加丰富，研究内容越来越深入。

但是通过对文献的完整梳理也发现，尽管环境规制经济后果的相关研究较多，但是现有研究多是从命令型环境规制、市场型环境规制以及非正式环境规制三个维度来研究环境规制引发的经济后果。事实上，按照政府出台环境规制的目的和使用的具体工具，还可以将环境规制分为处罚型环境规制以及激励型环境规制，且环境处罚这种具有行政强制色彩的环境规制仍然是我国环境规制的主要工具，而现有关于环境处罚经济后果的研究主要聚焦于对公司股价的影响研究，对公司其他行为的影响还有较大拓展空间，具体表现在以下几个方面。

一是忽略从环境处罚角度来研究影响企业资本成本的因素。企业环境表现和资本成本的关系一直是学者们关注的话题，但现有文献对影响债务资本成本的研究主要集中于会计稳健性、信息披露质量和内部治理等方面，对权益资本的影响因素研究主要集中于信息不对称、代理问题和企业经营等方面，鲜少有文献研究环境处罚对企业资本成本的影响。

二是忽略环境处罚对企业股价崩盘风险的影响研究。环境处罚可以视为企业被动披露环境信息的重要渠道，从环境处罚的本质来看，其本身具有一定的负面信息含量。而根据已有研究得到的共性结论，学者们普遍认为管理层对负面信息的捂盘是导致股价崩盘风险的重要因素，但随着利益相关者对环境等非财务信息的重视，以环境处罚为代表的负面环境信息披露对股价崩盘风险的影响研究还较为缺乏。

三是忽略环境处罚对企业环境责任履行的影响研究。现有学者已从多个角度对影响企业环境责任履行的因素进行系统研究，包括企业层面特征、利益相关者压力以及情境变量等影响因素，但仍然缺少以环境处罚为代表的正式环境监管压力对企业环境责任履行的影响研究。

四是忽略环境处罚对企业“漂绿”行为的影响研究。现有学者基于制度理论、利益相关者理论、合法性理论以及信号传递理论，从利益相关者、企业自身特性以及高管个人特征等不同角度研究了对企业“漂绿”行为的影响。但政府作为企业重要的利益相关者之一，其采取的环境处罚手段对企业“漂绿”行为会产生何种影响及其具体影响机制仍不明晰，缺乏深入研究。

五是忽略研究环境处罚与环保补助的交互作用对绿色技术创新的影响。尽管环境规制对绿色技术创新的影响已被学者广泛研究，但已有研究多是将不同环境规制工具视为彼此独立的，这与实际情况并不吻合，政府往往会同时使用多种环境规制工具来共同影响企业的环境行为，因此，不同环境规制工具的组合往往会形成不同的交互作用来共同对企业的行为产生影响。环境处罚和环保补助作为两种被政府高频使用的环境规制工具，其交互作用对绿色技术创新的影响研究也较为缺乏。

2.4　本章小结

根植于“波特假说”，以环境规制的经济后果研究为出发点，分别梳理了环境规制对绿色技术创新、对环保投资、对环境绩效、对绿色转型发展以及对财务绩效影响的相关研究。在此基础上，选择环境处罚作为环境规制工具的典型代表，梳理了环境处罚的制度背景、环境处罚对公司股价影响的相关研究以及环境处罚引发的其他资本市场反应研究。可以看到，环境处罚作为环境规制的重要工具，以环境处罚为切入点来研究环境处罚的经济后果有很大的拓展空间。

| 第3章 |

理论基础与框架

3.1 相关理论基础

3.1.1 声誉理论

良好的企业声誉是企业最大的无形资产。最初将声誉概念引入经济学领域的是美国著名学者法玛（Fama）在20世纪70年代末提出的将“经理市场竞争”作为激励机制的想法，他认为，即使没有企业内部的激励，经理们出于对今后职业前途及外部市场的压力（即声誉）的考虑，也会努力工作。随后，克里普斯等（Kreps et al.，1982）将动态博弈理论引入委托代理关系研究，并建立了经济学中标准的声誉模型，据此，有关企业声誉的理论研究便日渐丰富。

当前学者对于企业声誉概念的界定，不同学科的研究者均从各自研究领域出发，结合自身学科特点，给出了不同答案。福布伦和林多瓦（Fombrun and Rindova，1996）综合不同学者的观点，提出了一个此后得到广泛认可的定义：企业声誉是企业过去一切行为及结果的综合体现，反映了企业向各类相关利益者提供有价值的产出的能力。企业声誉可用来衡量一个企业在与内部员工及外部相关利益者的关系中所处的相对地位，以及在其竞争环境和制度环境中的位置。福布伦（Fombrun，1998）还进一步明确构成企业声誉的六个方面：财务业绩、产品质量、员工关系、社区参与、环境表现、组织事务。可以看出，企业声誉概念的提出非常倚重利益相关者理论，并且企业声誉的六个构成要素与企业社会责任的内涵高度契合，是利益相关者对企业自身特点和企业以其资源创造价值能力的一种综合评价。企业在财务、产品、员工关系、社区参与、环境表现以及社会事务方面有良好的表现将有利于企业形成良好的声誉，树立良好的企业形象。随着声誉理论的发展，利益相关者对企业行为的反应成为评价企业声誉优劣的重要内容。

从微观视角来看，对于声誉的研究集中在三个方面：声誉交易理论、声誉信息理论和声誉的第三方治理机制（皮天雷，2009）。声誉交易理论认为，声誉是企业一项重要的无形资产（Kreps et al.，1990；Tadelis，1999）。声誉信息理论关注声誉的传送机制，认为声誉的形成就是一种信号传递活动（Shapiro，1983）。声誉的第三方治理机制研究主张，需要第三方治理机制作为声誉自我实施机制的加强与补偿，使声誉的形成更为有效（Milgrom et al.，1990；Grief et al.，1994）。

从声誉理论来看，环境处罚对企业行为的影响主要集中于声誉的传递以及声誉的治理两种方式。企业环境责任表现的好坏会对企业声誉产生显著的影响，只有当相关利益者识别到企业对负责任的行为后才能形成对企业的积极评价，促进企业声誉的建立；反之，企业受到环境处罚将对企业声誉造成损害。企业环境责任的表现要在一个信息不完美的市场中被全体相关利益者所充分了解，就需要借助信息传递和沟通机制（Fombrun & Shanley，1990；Gray & Balmer，1998）。信息的传递和沟通依赖于一系列正式和非正式的渠道，包括企业通过财务报告、企业社会责任报告、可持续发展报告、ESG报告等载体主动披露的环境信息，以及政府监管部门对企业负面事件的披露、媒体的报道以及环保组织的报道等渠道。

从声誉的治理机制来看，如果上市公司发生负面环境事件并被曝光后，上市公司本身会受到负面影响，如声誉受损、股票价格下跌、公司市值下降等，同时，企业声誉受损又会进一步影响利益相关者对企业未来经营环境和财务状况的判断。为了维持良好的社会形象、恢复受损名誉，企业必然会调整后续的战略决策以及具体行为，积极履行社会责任。另外，由于企业间声誉具有相互依赖性，上市公司由于出现负面环境事件而受到环境处罚也会影响行业内其他企业的声誉。当然，上市公司负面事件对同行业企业的声誉影响可能是传染效应，也可能是竞争效应。一方面，企业发生负面事件可能会对同行业上市公司声誉产生相同的影响，表现为传染效应，即“一损俱损”；另一方面，由于资源稀缺性，同行业内的企业需要通过激烈的竞争获取人才和投资者，当上市公司的声誉受到负面影响时，同行业的企业就具有相对优势来获得稀缺资源，表现为竞争效应，即“因祸得福”。综上，基于声誉理论，在环境规制日益严格的背景下，企业受到的环境处罚必然会影响企业后续环境战略选择及其环境行为。

3.1.2 利益相关者理论

利益相关者概念最早出现于20世纪60年代的管理学文献中。到20世纪70年代，通用电气等大公司逐渐开始采用利益相关者理论。然而，直到20世纪80年代中期，利益相关者的理论和方法才真正开始应用于管理实践中。弗里曼（Freeman，1984）收集了各种关于利益相关者的不同观点，并建立了一个连贯和系统的利益相关者理论。他将利益相关者定义为能够影响组织目标或者受到组织目标完成情况影响的任何组织和个人。在利益相关者的框架下，企业的生存与发展除了受到股东的影响外，还会受其他利益相关者的影响。由于企业产生的外部性会影响到利益相关者，而利益相关者也会对企业产生的外部性施加压力，以减少企业的不利影响，这就要求企业必须处理好与利益相关者之间的关系（Sarkis et al.，2010）。

在明确利益相关者概念的基础上，利益相关者理论是指企业的经营管理者为综合平衡各个利益相关者的利益要求而进行的管理活动。它认为，企业的成功与否取决于与利益相关者之间的关系，利益相关者与企业的互信合作关系有利于企业持续竞争优势的形成，并成为卓越绩效的重要源泉。相反，利益相关者对企业的不满将不利于企业的持续经营（温素彬和周鎏鎏，2017）。

常见的对于利益相关者的分类是将利益相关者分为内部利益相关者和外部利益相关者。内部利益相关者包括员工、股东等；外部利益相关者包括顾客、供应商、媒体、环保非政府组织（NGO）、政府等（Ramanathan et al.，2014）。除此之外，亨里克斯和萨多斯基（Henriques and Sadorsky，1996）将利益相关者分为三类：立法及监管层利益相关者，他们限制任何导致社会和环境受损的行为；消费者和社区利益相关者，他们通过负面宣传或者差别性购买政策来影响企业行为；财务利益相关者，他们直接或间接地影响了企业的战略。米歇尔等（Mitchell et al.，1997）认为利益相关者具备三种属性：一是权力，即利益相关者的权利会影响企业；二是合法性，即利益相关者与企业间的关系；三是紧迫性，即利益相关者对企业的主张。结合这些属性，将利益相关者分为潜在型利益相关者、预期型利益相关者和确定型利益相关者三类。弗里曼（1984）将利益相关者分为主要利益相关者（primary）和次要利益相关者（secondary），主要利益相关者是指与企业存在直接商业联系的，如顾客、员工、投资人；次要利益相关者是指与企业之间不存在正式交易的主体，如社区、媒体、政府等。

当前，由于环境恶化的普遍性趋势，加强环境治理已成为全球性议题，利益相关者也越来越关注环境问题。政府及监管机构是环境问题最明显的外部利益相关者，而且通常以正式的压力表现出来（Zhu and Sarkis，2007）。所以，企业必须遵守环境法规，否则会面临监管机构的处罚。而如果企业对环境的损坏更为严重的话，企业也会遭到个人和集体法律诉讼的威胁。同时，这种压力和威胁也会伤害企业的公众形象和客户关系（Sarkis et al.，2010）。除了政府及监管机构以外，其他外部利益相关者，包括媒体、环保非政府组织（NGO）、消费者等，也会显著地影响企业利益。其中，媒体和环保非政府组织（NGO）可以通过动员社会公众的舆论来支持或者反对企业的环保决策。当企业不能妥善处理与这些利益相关者的关系时，则可能引发公众抵制的风险（Hoffman，2000）。而消费者也会通过购买环保型的产品，实行差别化的购买政策来影响企业利益。因此，企业也需处理好这些利益相关者的诉求。当企业能够满足利益相关者的预期，符合其要求时，企业的财务收益可以显著地增加；也可以明确企业的经营方向，改善企业的经营实践（Zhu and Sarkis，2007）。当然，利益相关者之间的期待及需求也可能存在冲突的时候，企业很难满足所有利益相关者的要求（Baird et al.，2011）。这就要求企业建立起相应的机制，采取使企业整体利益最大化的环保决策。

根据利益相关者理论，环境规制可以视为各利益相关者（如政府、行业协会、消费者、媒体等）对环境诉求的集中体现。企业受到环境处罚意味着企业的环境行为没有满足环境规制的要求。为了满足不同利益相关者对于环境的诉求，从而更好地帮助企业建立竞争优势，受到环境处罚将会影响企业后续采取何种环境战略以及何种环境行动来满足环境规制的要求。

3.1.3 合法性理论

合法性理论（legitimacy theory）已成为现代政治学的核心概念与主流范式。合法性起初主要被用来研究和解释非营利性组织，现在已经扩展到对营利性组织的分析之中。苏赫曼（Suchman，1995）最早给出了合法性的权威定义，他认为企业合法性是指在一个由社会构建的规范、价值、信念和定义的体系中，企业的行为被认为是可取的、恰当的、合适的一般感知和假定。

合法性理论认为，企业与社会之间密不可分且存在一个“社会契约”，企业需要在契约下进行经营。企业的生产经营活动需要符合社会的价值要求，避免与社会的目标相违背才能保证企业从社会中获得其经营过程中所需的社会许可或者相应的合法性，进一步保障企业的生存。企业的合法性水平体现在企业履行社会契约的程度，也是社会公众对企业的评价是对企业行为的恰当性和可被接受性的整体看法。当社会认为企业的经营模式不可接受、不正当时，企业的生存将受到威胁。而企业的合法性通常由包括客户、投资者和社区成员在内的利益相关者根据其偏好和期望进行评估（温素彬和周鎏鎏，2017）。所以，企业需要不断地合理化自身的活动，满足社会需求，符合利益相关者的预期，以获得生存所需的合法性（Suchman，1995；Ashforth and Gibbs，1990；Deegan，2002；Dowling and Pfeffer，1975）。

随着环境规制的严格以及外部环境压力的不断增大，为了获取自身生存所需的环境合法性，企业需要不断满足环境规制的要求。合法性理论可以从经济动机上解释企业愿意满足各种不同环境规制要求的原因。当企业受到环境处罚，意味着企业生存的合法性受到威胁，这就要求企业后续需要采取积极环境战略和积极环境行为，从而获取生存所需合法性。因此，基于合法性理论，环境处罚也会影响企业后续采取的环境战略以及具体的环境行为。

3.2 理论框架

3.2.1 环境处罚对企业资本成本的影响分析

3.2.1.1 环境处罚对企业债务资本成本的影响分析

根据声誉理论，环境表现良好的企业往往拥有更高的声誉（Zou et al.，2015）。环境处罚使企业遭受声誉损失，一定程度上增加了企业未来经营环境和财务状况的不确定性，影响债权人对企业的信心。已有研究证实，受到处罚后，企业商业信用会下降，从而加剧企业融资约束，提高债务资本成本（朱沛华，2020）。根据利益相关者理论，良好的环境表现更能满足利益相关者要求，有利于企业与利益相关者之间保持良好的关系（温素彬和周鎏鎏，2017）。而环境处罚会损害企业与利益相关者的关系，使利益相关者对企业的支持减弱。整体来看，从融资角度来看，债权人及其他利益相关者会在涉及受环境处罚企业的相关决策中表现得更加谨慎，从而加剧企业融资约束，进而提高债务资本成本（司海平等，2021）。

从信息传递路径来看，信息透明度是信贷市场健康发展的基石，银行及其他金融机构等资金提供方会根据企业的财务及非财务信息评估企业偿债能力，降低信贷错配的风险（Jaffee and Russell，1976）。企业受到环境处罚并被政府或环保局网站公布，除了暴露自身环境信息披露不足的问题，还可以提高企业信息透明度，帮助债权人了解企业的生产经营活动对自然环境产生的负面影响（许林等，2021）。基于利益相关者理论，债权人为了弥补借款企业由于环境问题导致的风险增加，往往会选择提高债务资本成本作为风险补偿（倪娟和孔令文，2016）。

综上，无论从融资路径，还是从信息传递路径，企业受到环境处罚后会影响其债务资本成本。

3.2.1.2 环境处罚对企业权益资本成本的影响分析

根据声誉理论，企业由于环境处罚所造成的声誉损失，除了会影响债权人对企业的判断外，还会影响股东及其他权益投资人对企业未来价值的判断（Zou et al.，2015）。负面声誉会降低企业对投资人的吸引力，削弱企业的股权融资能力，从而加剧融资约束，提高权益资本成本。另外，根据利益相关者理论，公司出现环境处罚等负面事件后，会影响企业与其他利益相关者的关系，尤其会影响投资者对受处罚企业未来经营业绩的预期（温素彬和周鎏鎏，2017）。当投资人对企业未来预期比较悲观时，也会加剧企业融资约束，从而提高权益资本成本（万亮和吴琼，2017）。从融资路径来看，环境处罚会加剧企业股权融资的约束程度，从而提升权益资本成本。

从信息传递的角度来看，环境处罚往往兼具信息效应，其释放的“坏消息”不仅表明企业的生产经营活动与生态环境存在冲突，环境处罚还具有风险预警作用，可以向投资者传递企业管理者环境决策不当的信息（卢文彬等，2014）。从股票流动性角度来看，企业受到环境处罚会降低投资者持有公司股票的信心，并降低股票流动性，使投资者转让风险增加，进而提高权益资本成本（Brady et al.，2019）。此外，由于信息不对称问题的存在，股东及其他权益投资者往往处于信息劣势。环境处罚信息的披露可以提高企业信息透明度。根据披露的环境处罚信息，投资者能够识别出企业面临的环境风险，从而提高权益资本成本。

结合上述分析，环境处罚会通过加剧融资约束程度以及释放出企业环境风险信息两个路径影响企业权益资本成本。

3.2.2　环境处罚对企业股价崩盘风险的影响分析

股价崩盘是指无任何预兆的前提下，个股股价急剧性大幅下跌的现象，从而造成投资者的财富在短时间内发生巨额损失（Callen and Fang，2015；Chen et al.，2001）。目前学者主要以代理理论和信息不对称理论作为切入点研究股价崩盘风险的影响因素（Habib et al.，2018；Zhang et al.，2022），并达成广泛共识：坏消息向市场的集中释放是造成股价崩盘风险的主要原因（Jin and Myers，2006；Hutton et al.，2009）。但是，以往研究重点仅考虑负面财务信息对股价崩盘风险的影响，而忽略了负面非财务信息对股价崩盘的影响（Xu et al.，2021）。

作为非财务信息的重要组成部分，环境信息可作为企业与外部利益相关者之间的沟通途径（Trumpp et al.，2013）。随着环境压力的增加和公众环保意识的提高，利益相关者十分重视根据环境信息的披露来评价企业的环境绩效。如果企业不遵守环境法规，导致环境绩效不佳，将会面临环境处罚（Shevchenko，2021；Abebe and Acharya，2022）。因此，环境处罚除了可以揭示企业面临的潜在环境风险，还可以被视为企业被动披露负面环境信息的一种手段，具有一定的信息含量（Zou et al.，2015）。

根据代理理论，管理者出于自身利益、职业发展和更高报酬的考虑，有动机隐瞒不利信息，但随着坏消息的不断累积，一旦其超过资本市场可容纳上限而集中释放时，便会对公司股价造成严重冲击，进而导致股价崩盘风险（Jin and Myers，2006；Hutton et al.，2009）。

根据信息不对称理论，内部管理层和外部投资者之间存在天然的信息差。管理层掌握着更多的信息，而外部投资者却只能获取有限的信息。当内部管理层披露负面信息不积极时，外部投资者很难及时了解公司情况。尤其负面环境信息还具有难以识别的特点，一旦负面环境信息累积到临界点，就会引发股票抛售，进而导致股价崩盘（Habib et al.，2018）。

随着利益相关者对环境信息关注度的日益提升，企业由于受到环境处罚而被动披露出负面环境信息可能导致股价崩盘风险的增加。

3.2.3 环境处罚对企业环境责任履行的影响分析

合法性理论认为，企业和社会是不可分割的，企业需要在“社会契约”下运作（Suchman，1995）。社会赋予公司以法律地位、拥有和使用自然资源以及雇用劳动力等权利，公司吸收社会资源，生产商品或提供服务，并向外部环境排放废弃物。一般来说，企业必须符合社会价值体系和制度规范才能获得合法性。如果经营活动是不恰当的或不可接受的，企业生存就会受到威胁。因此，企业需要不断地合法化其各项活动，以满足利益相关者的期望，并获得和维持生存所需的合法性（Suchman，1995；Deegan，2002）。当企业在环境方面的行为表现不当时，其合法性必然受到威胁，这就要求企业必须采取合理的环保行动来重新获得合法性。尤其是在环境规制日益严格的背景下，企业恰当的环保行动显得尤为重要（Wu et al.，2021；Qin et al.，2019；Zhong et al.，2022）。哈比卜和布惠扬（Habib and Bhuiyan，2017）指出，企业因不当环境行为而受到环境处罚可以使其后续加大在企业社会责任活动中的投资。此外，利益相关者也越来越关注环境处罚给企业带来的合法性威胁（Zou et al.，2015）。基于合法性理论，为了获得生存所需的环境合法性，企业在受到环境处罚后，必然要采取行动来满足环境法规的要求，其中，积极履行环境责任恰恰是企业获得合法性的有效手段（Tsendsuren et al.，2021）。因此，环境处罚必然对企业后续环境责任履行产生积极影响。

利益相关者理论认为，利益相关者（包括员工、供应商、客户、媒体、环保 NGO、政府和当地公民等）必然会影响企业的生存和发展（Freeman，1984）。一般而言，利益相关者会通过向企业施加压力来传达各种诉求。然而，多种利益相关者的诉求可能存在冲突，例如，股东最关心的是企业持续创造利润，债权人关心企业能否按时偿还账款，政府希望企业合乎规范地运作并积极纳税，员工期望获得较好的工资待遇和福利水平，消费者主要关心企业生产的产品是否安全可靠，媒体则在监督和传播企业行为的过程中提升自身的影响力。利益相关者在诉求方面的差异也增加了企业的管理难度。弗里曼（1984）认为，企业应该首先满足那些在“权力、合理性及紧迫性”三方面表现最突出的利益相关者的诉求，并与利益相关者保持良好的关系。当企业能够协调好与各方利益相关者之间的关系时，必然有利于企业获得更多的竞争优势（Sarkis et al.，2010；Wagner and Schaltegger，2004）。随着利益相关者对环境问题的日益重视，企业必须规范自身的环境行为，积极履行环境责任，从而更好地满足利益相关者对环境的期待。但是企业受到环境处罚则意味着企业在满足环境规制方面存在不足。为了更好地满足利益相关者的诉求，并持续构建长期竞争优势，这就要求企业需要更积极地以履行环境责任作为回应，从而修复与利益相关者的关系。因此，基于利益相关者理论，企业受到环境处罚会对企业后续环境责任的履行产生显著影响。

3.2.4 环境处罚对企业“漂绿”行为的影响分析

如前所述，根据合法性理论，企业应该符合社会价值和制度规范，以获得其生存的合法性（Suchman，1995；Deegan，2002）。因此，企业应该不断合法化各项活动，从而满足监管需求和利益相关者期望（Dowling and Pfeffer，1975）。从合法性理论的角度来看，企业一旦受到环境惩罚就意味着企业赖以生存的环境合法性受到威胁。

因此，在受到环境处罚后，企业如何在政府和社会公众中建立起良好的声誉，为企业赢得更多资源、网络和政策支持，并重新获取生存所需的合法性，是企业需要重点解决的问题。“漂绿”是一种形式上适应而实质上对抗的伪社会责任行为，主要表现为以“报喜不报忧”和“多言寡行”的方式粉饰企业环境业绩（黄溶冰等，2019）。对于企业而言，“漂绿”是一种较为简单且以较低成本方式获取合法性的重要渠道，并且无须改变企业原有的商业模式。因此，一旦企业生存所需的合法性受到威胁，为了恢复经营所需的合法性，企业很有可能将“漂绿”策略作为第一选择，通过采取象征性的沟通策略以及非实质性的环保行动来解决环境问题（He et al.，2022；Li et al.，2022）。但是，“漂绿”本身也具有较高风险（Ruiz-Blanco et al.，2021；Lyon and Maxwell，2011）。特别是随着环保压力的不断加大，利益相关者对企业所采取的象征性环保行动也越来越警惕（He et al.，2022；Mateo-Márquez et al.，2022；Lyon and Montgomery，2015）。一旦企业的“漂绿”行为被利益相关者发现，企业将会面临声誉损失、股价下跌、竞争优势下降、政府补贴、税收激励以及其他社会资源的流失等一系列问题，进而阻碍企业的生存和发展（He et al.，2022；Lyon and Maxwell，2011；Testa et al.，2018；Du，2014）。因此，基于合法性理论，在满足合法性所获得的收益与“漂绿”潜在损失之间的充分权衡后，环境处罚必然会抑制企业参与“漂绿”行为的意愿。

3.2.5 环境处罚对企业绿色技术创新的影响分析

从理论上来看，环境规制能否促进技术创新主要有三种不同观点。第一种是以权衡理论为基础的传统学派认为环境规制会抑制技术创新。第二种以波特（Porter）和范－德－林德（Van der Linder）为代表的修正学派认为灵活且合理的环境规制有利于技术创新，可以实现环境绩效与财务绩效的双赢。第三种认为环境规制与技术创新的关系具有不确定性，会受到多种因素影响（沈能和刘凤朝，2012）。从实证研究结论来看，学者们也得出了正相关、负相关、无关、非线性、双向互动关系以及受调节变量影响等各种可能的结论。

根据利益相关者理论，政府、员工、客户、媒体、非政府环保组织以及当地公民等利益相关者都会对企业的生存和发展产生重大影响（Freeman，1984）。不能满足利益相关者期望的企业将会面临一些严重的后果，如财务损失和负面声誉，甚至破产（Shevchenko，2021；Bansal，2005）。因此，企业必须在决策过程中考虑利益相关者的利益，采取实质性行动回应利益相关者的期望，并与职能性利益相关者建立稳固的关系，以此为公司带来经济效益（Sarkis et al.，2010；Wagner and Schaltegger，2004；Tatoglu et al.，2019）。

在利益相关者理论的框架下，环境处罚会倒逼企业对绿色技术创新的投入，提升企业绿色技术创新的能力。首先，政府作为环境法规的制定者和执行者，对企业实施环境处罚可能引发负面影响，包括警告、罚款、责令停产整顿、停业，甚至关闭等手段。为了降低未来受到环境处罚的概率，企业可能主动采取绿色技术创新。其次，利益相关者日益关注企业环境责任的履行情况，环境处罚意味着企业并未完全满足利益相关者的期待，很可能导致企业声誉受损、社会抗议以及整个公司股价和市场价值的下降。为回应社会期望，同时修复与利益相关者的关系，企业可能积极进行绿色技术创新以展现其环境承诺。此外，由于消费者对环保产品的需求增加，环境处罚可能引起市场份额的波动。因此，企业为满足客户需求，可能选择通过绿色技术创新来提升产品的环保性能。置于利益相关者理论这一整体框架下，企业将环境处罚视为各利益相关者的压力源，通过采用绿色技术创新来平衡环境责任和经济利益，从而可以促进企业绿色技术创新水平的提升。

3.2.6　环境处罚对企业行为影响的整合框架

环境处罚作为环境规制工具的典型代表，依托政府的行政强制性命令，在对企业实施处罚后，必然会对企业后续一系列行为产生显著影响，结合上述内容讨论，本书构建了“环境政策—企业行为”的完整理论框架，具体如图3-1所示。考虑到环境处罚特点，本书重点从企业融资行为与环境行为入手，分别构建环境处罚对企业资本成本、对企业股价崩盘风险、对企业环境责任履行、对企业“漂绿”行为以及对企业绿色技术创新影响的整合性框架。具体包括：一是基于声誉理论和利益相关者理论，从融资路径和信息路径两个维度，分析环境处罚对企业融资资本成本，包括债务资本成本以及权益资本成本的影响机制；二是基于负面消息的积累和隐藏会导致股价崩盘风险这一共性结论，将环境处罚视为企业被动披露负面环境信息的渠道来分析环境处罚所释放出的负面环境信息是否会对企业未来股价崩盘风险产生影响；三是基于利益相关者理论和合法性理论，从企业满足利益相关者预期的现实动机以及获取企业生存所需合法性两个角度分析环境处罚对企业环境责任履行的影响机制；四是基于合法性理论，考虑企业采取“漂绿”策略后所获得的合法性收益以及“漂绿”被识别后所造成的潜在损失，通过成本与收益之间的充分权衡来分析环境处罚对企业“漂绿”行为的影响机制；五是基于利益相关者理论，受到环境处罚意味着企业尚未满足利益相关者期待，由此损害企业与利益相关者之间的关系，从而不利于企业竞争优势的构建，据此来分析环境处罚对企业绿色技术创新的影响机制。

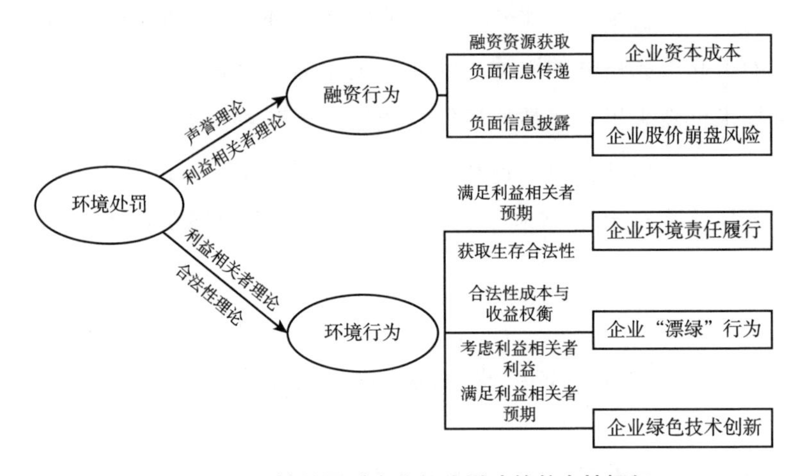

图3－1　环境处罚对企业行为影响的整合性框架

3.3　本章小结

本章首先对研究中主要涉及的理论基础，包括声誉理论、利益相关者理论以及合法性理论等进行回顾和介绍，以明确本书的理论基础，并为后面具体的机理分析进行理论铺垫。其次围绕本书的研究主题，以环境处罚为中心，将企业行为结合不同理论基础，就环境处罚对企业资本成本、对企业股价崩盘风险、对企业环境责任履行、对企业“漂绿”行为以及对企业绿色技术创新的影响机制进行系统分析。最后构建出环境处罚影响企业行为的整合性框架。

| 第4章 |

环境处罚对企业资本成本的影响研究

4.1 理论分析与研究假设

根据声誉理论和利益相关者理论，企业是否受到环境处罚会显著影响其资本成本。基于声誉理论，声誉是形成企业长期竞争优势的重要无形资源（Schnietz and Epstein，2005）。企业违反监管标准和社会规范的行为会引起公众的负面评价，从而损害自身声誉并造成损失（Brown and Deegan，1998）。而利益相关者理论认为，企业应该均衡考虑所有利益相关者的需求，并确保其活动的合法性，不损害相关者利益（Freeman，1984）。利益相关者与企业的互信合作关系有利于形成企业的持续竞争优势，并成为其卓越绩效的重要源泉。相反，如果利益相关者对企业不满，将不利于企业的持续经营（温素彬和周鎏鎏，2017）。本书基于声誉理论和利益相关者理论，从融资约束和企业信息透明度两个路径来研究环境处罚对企业资本成本的影响。

4.1.1 环境处罚对债务资本成本的影响

（1）环境处罚影响债务资本成本：融资路径

根据声誉理论，环境表现良好的企业往往拥有更高的声誉（Zou et al.，

2015）。环境处罚会使企业遭受声誉损失，这在一定程度上增加了企业未来经营环境和财务状况的不确定性，影响债权人对企业的信心。已有研究证实，受到处罚后，企业商业信用会随之下降，从而加剧企业融资约束并提高债务资本成本（朱沛华，2020）。根据利益相关者理论，企业良好的环境表现更能够满足利益相关者要求，使企业与利益相关者之间保持良好的关系。而环境处罚会影响企业与利益相关者的关系，使得利益相关者对企业的支持减弱（张化祥和张少华，2008）。整体来看，债权人及其他利益相关者会在涉及受环境处罚企业的相关决策中表现得更加谨慎，从而加剧企业融资约束（司海平等，2021）。面临融资约束的企业在正常的市场价格水平下难以获得融资，不得不承担更高的筹资成本（万亮和吴琼，2017）。另外，环境处罚也会通过直接影响企业的现金流量，包括罚款和没收违法所得等处罚措施将直接导致经济利益流出企业，限期整改等处罚措施会直接影响企业的销售收入，从而加剧融资约束并进一步影响债务资本成本。综上，环境处罚可以通过加剧融资约束提高企业债务资本成本。

（2）环境处罚影响债务资本成本：信息路径

信息透明度是信贷市场健康发展的基石，银行及其他金融机构等资金提供方往往希望通过充分了解企业信息来降低信贷错配的风险（Jaffee and Russell，1976）。因此，企业进行债务融资时，债权人会根据企业提供的财务信息以及其他非财务信息来评估其偿债能力，并作出相应的资金配置决策（许林等，2021）。企业未受到环境处罚意味着企业对外提供的信息质量较高，可以向外界传递企业环境责任履行良好的信号，从而减少投资的不确定性，降低融资成本。相反，一旦企业受到环境处罚，并且被政府或环保局网站公布，除了暴露自身环境信息披露不足的问题，还可以提高企业信息透明度，降低信息的不对称程度，从而帮助债权人进一步了解企业的生产经营活动对自然环境的影响（倪娟和孔令文，2016）。为了弥补借款企业由于环境问题导致的风险增加，债权人更容易选择提高债务资本成本作为风险补偿。整体来看，环境处罚信息的披露可以使企业与银行等债权人及其他利益相关者之间的信息传播途径更顺畅，进一步强化声誉机制的作用，促使债权人采取提高贷款利率等保护措施。

根据以上分析，提出本章第一个假设：

H4－1：环境处罚能够提高企业债务资本成本。

4.1.2 环境处罚对权益资本成本的影响

（1）环境处罚影响权益资本成本：融资路径

企业受到环境处罚后，除了会造成罚款、限期整改等直接的经济损失外，也会对企业声誉造成负面影响。根据声誉理论，企业由于环境处罚所造成的声誉损失会显著影响股东及其他权益投资人对企业未来价值的判断。而且环境处罚作为一种负面的声誉冲击，其声誉的修复是一个长期过程。因此，负面声誉会降低企业对投资人的吸引力，削弱企业的股权融资能力，从而加剧融资约束，提高权益资本成本。根据利益相关者理论，公司出现环境处罚等负面事件会影响企业与其他利益相关者的关系，尤其会影响投资者对受处罚企业未来经营业绩的预期（温素彬和周鎏鎏，2017）。当投资人对企业未来预期比较悲观时，吸引权益投资人投资的难度变大，同时也会加剧企业融资约束。整体来看，环境处罚可以使企业声誉受损、降低投资人对企业未来预期，从而加剧企业的融资约束，提高权益资本成本（万亮和吴琼，2017）。

（2）环境处罚影响权益资本成本：信息路径

环境处罚往往具有信息效应，其释放的“坏消息”不仅表明企业的生产经营与环境存在冲突，还具有风险预警作用，即向投资者传递企业管理者决策不当的信息。从股票流动性角度来看，企业受到环境处罚会降低投资者持有公司股票的信心，并降低股票流动性，投资者转让的风险增加，进而提高权益资本成本（卢文彬等，2014）。另外，由于信息不对称问题的存在，股东及其他权益投资者往往处于信息劣势。环境处罚信息的披露可以提高企业信息透明度，缓解投资人与企业之间的信息不对称。投资人可以根据披露的环境处罚信息识别出企业经营过程中所面临的环境风险，通过提高权益资本成本进行风险补偿。整体来看，环境处罚会通过增加企业信息透明度和声誉机制强化股东及其他权益投资者对处罚信息的吸收，进而提高企业权益资本成本。根据以上分析，提出本章第二个假设：

H4 -2：环境处罚能够提高企业权益资本成本。

4.2　研究设计

4.2.1　样本选择与数据来源

重污染企业对生态环境影响较大，也是环境处罚的重点对象，因此，本章选取 2014 ~2020 年沪深两市的 A 股重污染行业上市公司为研究样本。重污染行业根据《上市公司环保核查行业分类管理名录》《上市公司环境信息披露指南》以及 2012 年修订的《上市公司行业分类指引》进行界定，主要包括煤炭、制药、化工等 16 个重污染行业。由于我国在 2014 年新修订的环保法被称为“史上最严”的环境保护法，该项法律的实施也给企业施加了巨大压力（Jin et al. , 2020；Liao et al. , 2020），极大地影响了企业后续的环境行为。尤其是在违反法律法规之后，企业必须采取恰当的行为作为回应。因此，本章选择 2014 ~2020 年作为研究期间。在此基础上剔除变量数据缺失的样本，剔除 ST、*ST、PT 和资不抵债的样本，最终得到 3 204 个样本观测值。

本书所需环境处罚数据均来自公众环境研究中心网站（IPE），IPE 是一家总部位于北京的非营利性环保组织，它由中央政府支持，通过开发并发布污染地图数据，可以有效监测企业的环境绩效。IPE 可以提供违反环境规制企业及其附属机构的详细信息，包括企业名称、违法行为类型和受到的处罚。IPE 从多个权威渠道来收集企业环境处罚的相关数据，包括中央和地方环保部门的官方网站、新闻机构、企业的社会责任报告、可持续发展报告以及 ESG 报告和公司官网等，因此，IPE 可以提供全面反映企业环境表现的数据。IPE 也被视为权威的环境处罚数据提供商，此前在知名期刊上发表的一些相关研究也均采用了 IPE 的数据（Lo et al.，2018），其余所需公司财务数据来自 WIND 数据库和 CSMAR 数据库。

4.2.2 变量定义

4.2.2.1 被解释变量

（1）债务资本成本

由于利息成本只是企业债务资本成本的一部分，企业在筹资过程中可能还会支付手续费等其他费用，因此，本书借鉴李广子和刘力（2009）的做法，用财务报表中“财务费用”明细科目中的利息费用、手续费和其他财务费用三者之和构建净财务费用指标。在此基础上，运用净财务费用与平均负债总额的比率来衡量公司债务资本成本。此外，为了提高研究结论的可靠性，本章使用利息支出占平均负债总额的比例作为债务资本成本的替换变量进行稳健性检验。

（2）权益资本成本

毛新述等（2012）研究发现事前权益资本成本测度模型要优于事后 CAPM 和 Fama-French 三因子模型，而在事前权益资本成本的测度中，PEG 和 MPEG 可以恰当地捕捉各种风险因素的影响，比较符合我国的资本市场现状。考虑到数据的可获得性和估计的准确性，借鉴甘丽凝等（2019）的研究，采用 PEG 模型计算权益资本成本，即：

$$Equity\_cost = \sqrt{\frac{EPS_{t+2} - EPS_{t+1}}{P_t}} \tag{4-1}$$

其中，Equity_cost 表示使用 PEG 模型计算的权益资本成本，EPS_{t+1}、EPS_{t+2} 分别表示分析师预测的企业未来第一年、第二年的每股收益，P_t 表示当期期末的股票收盘价。

4.2.2.2　解释变量

（1）环境处罚哑变量（Penalty）

借鉴姚圣和李诗依（2017）的研究构建环境处罚哑变量，根据公众环境研究中心网站上披露的企业环保处罚信息，如果企业或其关联子公司当年受到环境处罚，则 Penalty 取 1，否则取 0。

（2）环境处罚频次（Penalty_count）

借鉴邱牧远和殷红（2019）、陈晓艳等（2021）的做法，以公众环境研究中心网站上披露的企业环保处罚信息为基础，加总各上市公司及其关联子公司在各年度受到的环境处罚次数，得到环境处罚频次指标。该指标越大，说明企业该会计年度内受到的环境处罚越多，环境表现越差。

4.2.2.3　控制变量

借鉴陈峻等（2015）、申等（Shen et al.，2021）以及倪娟和孔令文（2016）等学者的研究，控制了一系列代表公司特征和治理结构的变量。此外，本章还控制了年度、行业、省份三个虚拟变量。以上变量具体定义如表 4-1 所示。

表 4-1　　变量定义

变量符号	变量名称	变量测度
Debt_cost	债务资本成本	(利息支出 + 金融机构手续费 + 其他费用)/平均负债总额
Equity_cost	股权资本成本	运用 PEG 模型计算得出
Penalty	环境处罚	企业及其关联子公司当年是否受到环境处罚，是取 1，否则取 0
Penalty_count	环境处罚频次	企业及其关联子公司当年受到环境处罚的总次数
EstAge	企业年龄	企业成立年限的自然对数
Growth	成长能力	企业当年营业收入增长率
ROA	资产净利率	净利润/平均总资产
Cashflow	现金流量比	企业经营活动现金净流量与总资产之比

续表

变量符号	变量名称	变量测度
Cost	代理成本	管理费用/营业收入
Board	董事会规模	企业当年董事会人数
Independent	独立董事占比	独立董事人数/董事会人数
Balance	股权制衡度	第一大股东持股比例/第二大股东持股比例
Top1	第一大股东持股比例	第一大股东持股数/总股数
Dual	两职合一	CEO 兼任董事长时取 1，否则取 0
Year	年度	年份虚拟变量
Industry	行业	行业虚拟变量
Province	省份	省份虚拟变量

4.2.3 模型设计

为检验环境处罚对企业资本成本的关系，构建如下 OLS 回归分析模型：

$$Debt\_cost_{i,t} = a_0 + a_1 \times Penalty_{i,t}/Penalty\_count_{i,t} + \sum Controls_{i,t} + \epsilon_{i,t} \quad (4-2)$$

$$Equity\_cost_{i,t} = a_0 + a_1 \times Penalty_{i,t}/Penalty\_count_{i,t} + \sum Controls_{i,t} + \epsilon_{i,t} \quad (4-3)$$

为了缓解异方差问题的影响，上述模型均使用稳健标准误。为避免极端值影响，对所有连续变量进行了前后 1% 的缩尾处理。

4.3 实证结果与分析

4.3.1 描述性统计

表 4－2 报告了样本的描述性统计结果。债务资本成本（Debt_cost）的

均值、中值、最大值分别为 0.024、0.025、0.064，标准差为 0.015，权益资本成本（Equity_cost）的均值、中值、最大值分别为 0.104、0.101、0.285，标准差为 0.036。相比之下，公司债务资本成本整体较为集中，而权益资本成本较为分散。是否受到环境处罚（Penalty）均值为 0.249，说明受到环境处罚的样本占比 24.9%。环境处罚频次（Penalty_count）的中值、最大值、最小值分别为 0、45、0，标准差为 4.995，说明该指标整体较为分散，企业间受环境处罚次数相差较大，均值为 1.725，表示样本期间各企业平均每年受处罚 1.725 次。

表 4-2　　描述性统计

Variable	N	Mean	Median	Max	Min	SD
Debt_cost	3 204	0.024	0.025	0.064	0	0.015
Equity_cost	3 204	0.104	0.101	0.285	0.019	0.036
Penalty	3 204	0.249	0	1	0	0.433
Penalty_count	3 204	1.725	0	45	0	4.995
EstAge	3 204	2.926	2.954	3.495	2.015	0.274
Growth	3 204	0.159	0.113	2.475	-0.511	0.278
ROA	3 204	0.058	0.048	0.282	-0.125	0.050
Cashflow	3 204	0.071	0.068	0.264	-0.137	0.064
Cost	3 204	0.074	0.065	0.346	0.006	0.047
Board	3 204	8.750	9.000	15	5	1.768
Independent	3 204	0.373	0.333	0.600	0.250	0.052
Balance	3 204	0.089	0.039	1.350	0.010	0.146
Top1	3 204	0.362	0.343	0.797	0.099	0.147
Dual	3 204	0.241	0.000	1	0	0.428

4.3.2　单变量分析

表 4-3 列示了企业债务资本成本和权益资本成本的单变量分析结果。对于债务资本成本而言，未受环境处罚组（Penalty=0）的债务资本成本均值和中位数均为 0.022；受环境处罚组（Penalty=1）的债务资本成本均值为

0.028，中位数为 0.030。两个组别的均值、中位数差异均在 1% 水平上显著。结果表明，受环境处罚组的债务资本成本显著高于未受环境处罚组。

表 4-3　　单变量分析

Variable	Penalty = 0			Penalty = 1			MeanDiff	Chi^2
	N	Mean	Median	N	Mean	Median		
Debt_cost	2 405	0.022	0.022	799	0.028	0.030	-0.005 ***	79.968 ***
Equity_cost	2 405	0.104	0.100	799	0.106	0.104	-0.002	4.684 **

注：*** 、** 分别表示在 1% 、5% 水平上显著。

对于权益资本成本而言，未受环境处罚组（Penalty = 0）的权益资本成本均值为 0.104，中位数为 0.100；受环境处罚组（Penalty = 1）的权益资本成本均值为 0.106，中位数为 0.104。环境处罚组的权益资本成本中位数比未受环境处罚组高 0.004，且在 5% 的水平上显著，均值存在差异，但不显著。

4.3.3　相关性分析

主要变量的相关性分析结果见表 4-4。是否受到环境处罚（Penalty）、环境处罚频次（Penalty_count）与企业债务资本成本（Debt_cost）之间的相关性系数均在 1% 水平上显著为正，说明环境处罚与债务资本成本正相关。是否受到环境处罚（Penalty）、环境处罚频次（Penalty_count）与权益资本成本（Equity_cost）之间的相关性系数为正，但不显著。

表 4-4　　相关性分析结果

Variable	Debt_cost	Equity_cost	Penalty	Penalty_count
Debt_cost	1			
Equity_cost	0.082 ***	1		
Penalty	0.160 ***	0.026	1	
Penalty_count	0.139 ***	0.026	0.599 ***	1

注：*** 表示在 1% 水平上显著。

4.3.4　基准回归结果

表 4－5 列示了环境处罚影响资本成本的回归结果。其中，第（1）和第（2）列为环境处罚影响债务资本成本的回归结果。是否受到环境处罚（Penalty）对债务资本成本（Debt_cost）的回归系数为 0.144，且在 5% 水平上显著；环境处罚次数（Penalty_count）对债务资本成本（Debt_cost）的回归系数为 0.015，且在 1% 水平上显著，说明企业受到环境处罚会显著提高其债务资本成本。因此，H4－1 得到支持。第（3）和第（4）列为环境处罚影响权益资本成本的回归结果。是否受到环境处罚（Penalty）对权益资本成本（Equity_cost）的回归系数为 0.558，对权益资本成本（Equity_cost）的回归系数为 0.052，均在 1% 水平上显著，说明企业受到环境处罚会显著提高其权益资本成本，回归结果支持 H4－2。

表 4－5　　环境处罚影响资本成本的回归结果

Variable	(1)	(2)	(3)	(4)
	Debt_cost	Debt_cost	Equity_cost	Equity_cost
Penalty	0.144** (2.472)		0.558*** (3.482)	
Penalty_count		0.015*** (3.844)		0.052*** (3.690)
EstAge	−0.042 (−0.461)	−0.021 (−0.235)	−0.228 (−0.969)	−0.137 (−0.596)
Growth	0.468*** (4.899)	0.464*** (4.884)	0.691** (2.520)	0.672** (2.450)
ROA	−11.520*** (−19.223)	−11.477*** (−19.196)	0.414 (0.267)	0.484 (0.313)
Cashflow	1.418*** (3.179)	1.400*** (3.133)	−2.504** (−2.160)	−2.521** (−2.174)
Cost	−5.721*** (−9.380)	−5.720*** (−9.435)	−9.986*** (−6.960)	−10.057*** (−7.065)

续表

Variable	(1)	(2)	(3)	(4)
	Debt_cost	Debt_cost	Equity_cost	Equity_cost
Board	-0.007 (-0.517)	-0.008 (-0.597)	-0.103** (-2.525)	-0.104** (-2.555)
Independent	0.177 (0.363)	0.131 (0.270)	-0.814 (-0.687)	-0.921 (-0.774)
Balance	0.086 (0.428)	0.125 (0.615)	-0.507 (-0.963)	-0.377 (-0.707)
Top1	-1.024*** (-5.404)	-1.053*** (-5.516)	-1.758*** (-3.490)	-1.842*** (-3.665)
Dual	-0.025 (-0.453)	-0.028 (-0.502)	0.333** (2.348)	0.319** (2.247)
Constant	4.254*** (10.599)	4.215*** (10.590)	12.324*** (11.443)	12.138*** (11.286)
Industry FE	Yes	Yes	Yes	Yes
Year FE	Yes	Yes	Yes	Yes
Province FE	Yes	Yes	Yes	Yes
N	3 204	3 204	3 204	3 204
Adj. R^2	0.277	0.278	0.173	0.174

注：***、** 分别表示在1%、5%水平上显著；括号内数据为 t 值。

4.3.5 稳健性检验

4.3.5.1 替换被解释变量

为了缓解被解释变量衡量偏误对实证结果的影响，借鉴李广子和刘力（2009）的研究，使用利息支出占平均负债总额的比例（Rate）作为债务资本成本的替换变量。从表4-6第（1）、第（2）列的回归结果可以看出，是否受到环境处罚（Penalty）的回归系数为0.153，环境处罚次数（Penalty_ count）的回归系数为0.019，均在1%水平上显著。借鉴叶陈刚等（2015）的研究采用OJN模型估算结果作为权益资本成本的替换变量（OJN），从表6第（3）和第（4）列的回归结果可以看出，是否受到环境处罚（Penalty）的回归系数为0.361，在5%水平上显著；环境处罚次数（Penalty_count）的回归系数为0.052，在1%水平上显著。可见，替换被解释变量后，回归结果依然成立。

表4－6　　　　替换变量回归结果

Variable	(1)	(2)	(3)	(4)	(5)	(6)
	Rate	Rate	OJN	OJN	Debt_cost	Equity_cost
Penalty	0.153*** (2.686)		0.361** (1.973)			
Penalty_count		0.019*** (4.762)		0.052*** (3.170)		
Penalty_degree					0.007*** (3.543)	0.021*** (3.011)
Controls	Yes	Yes	Yes	Yes	Yes	Yes
Industry FE	Yes	Yes	Yes	Yes	Yes	Yes
Year FE	Yes	Yes	Yes	Yes	Yes	Yes
Province FE	Yes	Yes	Yes	Yes	Yes	Yes
N	3 204	3 204	3 204	3 204	3 204	3 204
Adj. R^2	0.289	0.291	0.139	0.141	0.277	0.173

注：***、**分别表示在1%、5%水平上显著；括号内数据为t值。

4.3.5.2　替换解释变量

为了缓解解释变量衡量偏误对实证结果的影响，借鉴陈晓艳等（2021）的研究，使用公司及其关联公司环境处罚次数和相应处罚类别的分值权重相乘计算得到衡量环境处罚力度的指标（Penalty_degree）替换解释变量，回归结果列示于表4－6的第（5）、第（6）列。环境处罚力度（Penalty_degree）与债务资本成本（Debt_cost）和权益资本成本（Equity_cost）的回归系数均显著为正。可见，替换解释变量后，假设依然成立。

4.3.5.3 倾向得分匹配法

为了缓解样本选择偏差导致的内生性问题，采用倾向得分匹配法。匹配方法为半径卡尺匹配，匹配变量为现有控制变量，匹配后的回归结果如表4－7所示。企业是否受到环境处罚（Penalty）和环境处罚次数（Penalty_count）与债务资本成本（Debt_cost）和权益资本成本（Equity_cost）的回归系数均显著为正。可见，使用倾向得分匹配法后，H4－1和H4－2依然成立。

表4－7　　　　倾向得分匹配法回归结果

Variable	(1)	(2)	(3)	(4)
	Debt_cost	Debt_cost	Equity_cost	Equity_cost
Penalty	0.144** (2.470)		0.548*** (3.410)	
Penalty_count		0.016*** (3.920)		0.053*** (3.771)
Controls	Yes	Yes	Yes	Yes
Industry FE	Yes	Yes	Yes	Yes
Year FE	Yes	Yes	Yes	Yes
Province FE	Yes	Yes	Yes	Yes
N	3 125	3 125	3 125	3 125
Adj. R^2	0.275	0.276	0.174	0.175

注：***、**分别表示在1%、5%水平上显著；括号内数据为t值。

4.3.5.4 Heckman两阶段回归法

为了缓解样本选择偏差导致的内生性问题，进一步采用Heckman两阶段回归法。第一阶段，以是否受到环境处罚（Penalty）作为被解释变量，借鉴戚聿东等（2021）的研究将同年同行业环境处罚频次均值（Mean_Penalty1）

和同年同省份环境处罚频次均值（Mean_Penalty2）及其他全部控制变量进行Probit回归，计算逆米尔斯比率IMR。第二阶段，将计算出的逆米尔斯比率IMR加入式（4-2）和式（4-3）中进行OLS回归，以上回归结果如表4-8所示。可以看出，第一阶段Mean_Penalty1、Mean_Penalty2的系数均显著为正，第二阶段是否受到环境处罚（Penalty）和环境处罚频次（Penalty_count）的系数也显著为正，说明环境处罚可以显著提高企业的债务资本成本和权益资本成本。IMR系数不显著，说明样本自选择问题导致的内生性偏差并不严重。总之，在使用Heckman两阶段回归法之后，H4-1和H4-2依然成立。

表4-8　　　　Heckman两阶段回归法回归结果

Variable	(1)	(2)	(3)	(4)	(5)
	Penalty	Debt_cost	Debt_cost	Equity_cost	Equity_cost
Mean_Penalty1	0.146*** (6.804)				
Mean_Penalty2	0.073** (2.152)				
Penalty		0.140** (2.383)		0.554*** (3.414)	
Penalty_count			0.015*** (3.741)		0.051*** (3.620)
IMR		-0.091 (-0.632)	-0.077 (-0.540)	-0.096 (-0.216)	-0.072 (-0.160)
Controls	Yes	Yes	Yes	Yes	Yes
Industry FE	Yes	Yes	Yes	Yes	Yes
Year FE	Yes	Yes	Yes	Yes	Yes
Province FE	Yes	Yes	Yes	Yes	Yes
N	3 204	3 204	3 204	3 204	3 204
Adj. R^2		0.277	0.277	0.173	0.174

注：***、**分别表示在1%、5%水平上显著；括号内数据为t值。

4.4 影响机制分析

4.4.1 融资约束的中介作用

为了检验环境处罚是否可以通过加剧企业融资约束提高企业资本成本，本章用卡普兰和辛格莱斯（Kaplan and Zingales，1997）提出的 KZ 指数来衡量融资约束，并借鉴温忠麟等（2004）的研究构建中介效应检验模型，回归结果如表 4－9 所示。是否受到环境处罚（Penalty）和环境处罚频次（Penalty_count）与 KZ 指数的回归系数均显著为正，这说明受到环境处罚的企业面临更严重的融资约束，而随着受处罚次数不断增加，企业融资约束会继续加重。KZ 指数与债务资本成本（Debt_cost）之间的系数为正，且均在 1% 的水平上显著，表明融资约束是环境处罚与企业债务资本成本之间的中介变量，与预期相符。相反，如第（5）列和第（6）列所示，KZ 指数与权益资本成本（Equity_cost）之间系数为正，但并不显著，这说明融资约束在环境处罚与企业权益资本成本之间的中介效应不成立。Sobel 检验的结果也证明融资约束在环境处罚与债务资本成本中发挥中介效应（$Z=4.847$，$\rho<0.01$；$Z=3.852$，$\rho<0.01$），但融资约束没有在环境处罚与权益资本成本中发挥中介作用（$Z=0.692$，ρ = n. s.；$Z=0.731$，ρ = n. s.）。为了验证以上结论是否稳健，本章进一步采用 Bootstrap 法来检验中介效应，结果与上述一致。

表 4－9　融资约束中介效应回归结果

Variable	(1)	(2)	(3)	(4)	(5)	(6)
	KZ	KZ	Debt_cost	Debt_cost	Equity_cost	Equity_cost
Penalty	0.335*** (5.505)		0.050 (0.909)		0.548*** (3.396)	
Penalty_count		0.023*** (5.408)		0.009** (2.420)		0.051*** (3.628)

续表

Variable	(1)	(2)	(3)	(4)	(5)	(6)
	KZ	KZ	Debt_cost	Debt_cost	Equity_cost	Equity_cost
KZ			0.282 *** (16.991)	0.281 *** (16.966)	0.030 (0.746)	0.032 (0.796)
Controls	Yes	Yes	Yes	Yes	Yes	Yes
Industry FE	Yes	Yes	Yes	Yes	Yes	Yes
Year FE	Yes	Yes	Yes	Yes	Yes	Yes
Province FE	Yes	Yes	Yes	Yes	Yes	Yes
N	3 204	3 204	3 204	3 204	3 204	3 204
Adj. R^2	0.588	0.587	0.347	0.348	0.173	0.174
Sobel Z			4.847 ***	3.852 ***	0.692	0.731

注：*** 、** 分别表示在 1%、5% 水平上显著；括号内数据为 t 值。

4.4.2　信息透明度的中介作用

为了检验环境处罚是否可以通过提高企业信息透明度影响企业资本成本，借鉴辛清泉等（2014）以及朗等（Lang et al.，2012）的做法，选取一年内跟踪该公司的分析师人数作为衡量企业信息透明度的指标。为了缩小数据之间的绝对差异并降低个别极端值的影响，对分析师人数做加一取对数处理，表示为 Analysis。回归结果列示于表 4 – 10。根据第（1）列和第（2）列所示，是否受到环境处罚（Penalty）和环境处罚频次（Penalty_count）与分析师人数（Analysis）之间的回归结果显著为正，即环境处罚可以使跟踪该公司的分析师人数增加。根据第（3）和第（4）列、第（5）和第（6）列所示，分析师人数与债务资本成本和权益资本成本之间的系数均为正，且在 1% 的水平上显著。结果表明，企业信息透明度在环境处罚与企业债务资本成本和权益资本成本的关系中的中介效应得到验证，结论与预期相符。Sobel 检验结果显示，Z 统计量均在 1% 水平上显著，证实信息透明度发挥部分中介效应。为了进一步验证以上结论是否稳健，也采用 Bootstrap 法来检验中介效应，结果与上述一致。

表 4-10 信息透明度中介效应回归结果

Variable	(1)	(2)	(3)	(4)	(5)	(6)
	Analysis	Analysis	Debt_cost	Debt_cost	Equity_cost	Equity_cost
Penalty	0.218 *** (6.058)		0.122 ** (2.070)		0.459 *** (2.890)	
Penalty_count		0.021 *** (8.058)		0.013 *** (3.257)		0.042 *** (2.980)
Analysis			0.104 *** (3.443)	0.102 *** (3.348)	0.456 *** (5.671)	0.451 *** (5.575)
Controls	Yes	Yes	Yes	Yes	Yes	Yes
Industry FE	Yes	Yes	Yes	Yes	Yes	Yes
Year FE	Yes	Yes	Yes	Yes	Yes	Yes
Province FE	Yes	Yes	Yes	Yes	Yes	Yes
N	3 204	3 204	3 204	3 204	3 204	3 204
Adj. R^2	0.217	0.219	0.279	0.280	0.182	0.182
Sobel Z			3.046 ***	3.067 ***	4.191 ***	4.399 ***

注：*** 、** 分别表示在1%、5%水平上显著；括号内数据为t值。

4.5 进一步分析

4.5.1 产权性质

产权性质是中国企业的典型特征，其对环境处罚与企业资本成本之间关系的影响尤为明显。一方面，国有企业与政府之间存在的天然联系会在一定程度上影响企业是否受到环境处罚。罗喜英和刘伟（2019）的研究发现，在国有企业中，政治关联对企业环境处罚的“庇护效应”会得到强化。另一方面，与非国有企业相比，国有企业在信贷市场上可以获得无可比拟的优势（倪娟和孔令文，2016）。为了研究产权性质对环境处罚与融资成本之间关系的影响，将全部样本按照产权性质分为两组进行了实证研究，结果如表 4－11 所示。

表 4－11　　产权性质异质性分析回归结果

变量	(1)	(2)	(3)	(4)
	非国有企业	国有企业	非国有企业	国有企业
	Debt_cost	Debt_cost	Equity_cost	Equity_cost
Penalty	0.249 *** (2.774)	0.109 (1.304)	0.810 *** (3.231)	0.705 *** (2.899)
Controls	Yes	Yes	Yes	Yes
Industry FE	Yes	Yes	Yes	Yes
Year FE	Yes	Yes	Yes	Yes
Province FE	Yes	Yes	Yes	Yes
N	2 038	1 166	2 038	1 166
Adj. R^2	0.265	0.379	0.203	0.161

注：*** 表示在 1% 水平上显著；括号内数据为 t 值。

对债务资本成本来说，非国有企业子样本与全样本回归结果一致，即环境处罚与债务资本成本显著正相关，而国有企业子样本环境处罚系数为正，但不显著。结果显示，是否受到环境处罚对国有企业债务资本成本没有显著影响，而对非国有企业债务资本成本有显著影响，说明债权人普遍更关注非国有企业的环境处罚信息。对权益资本成本来说，国有企业与非国有企业两个子样本的环境处罚系数均显著为正，说明权益投资者较少关注企业的产权性质，产权性质对权益投资者的影响较小。

4.5.2　行业竞争程度

处于不同行业中的企业面临的政策环境和资源也存在差异，受行业竞争激烈程度的影响，市场对处于不同行业的企业受到环境处罚的反应可能会有所差别。借鉴陈正林（2017）的研究，采用各行业上市公司营业收入的赫芬达尔指数（HHI）来衡量行业竞争程度。HHI 指数值越大，行业的垄断程度越高、竞争程度越低。本章以 HHI 指数的中位数进行分组，当样本 HHI 指数大于行业 HHI 指数中位数时，落入低竞争行业子样本，否则落入高竞争行业子样本，回归结果如表 4 - 12 所示。

表 4 - 12　　行业竞争程度异质性分析回归结果

Variable	(1)	(2)	(3)	(4)
	行业竞争程度小	行业竞争程度大	行业竞争程度小	行业竞争程度大
	Debt_cost	Debt_cost	Equity_cost	Equity_cost
Penalty	0. 203 ** (2. 445)	0. 031 (0. 367)	0. 496 ** (2. 008)	0. 575 *** (2. 720)
Controls	Yes	Yes	Yes	Yes
Industry FE	Yes	Yes	Yes	Yes
Year FE	Yes	Yes	Yes	Yes
Province FE	Yes	Yes	Yes	Yes
N	1 502	1 702	1 502	1 702
Adj. R^2	0. 321	0. 266	0. 200	0. 189

注：***、** 分别表示在 1%、5% 水平上显著；括号内数据为 t 值。

对债务资本成本来说，行业竞争程度低的子样本回归结果与全样本一致，即环境处罚与企业债务资本成本呈显著正相关关系，而行业竞争程度高的子样本环境处罚与债务资本成本则不具有统计意义的显著关系。对权益资本成本来说，两个组别环境处罚的系数均显著为正。结果表明，行业竞争程度会显著影响环境处罚与债务资本成本间的关系，但不影响环境处罚与权益资本成本之间的关系。

4. 5. 3　内部控制

内部控制也是影响环境处罚与企业资本成本之间关系的重要因素。良好的内部控制不仅可以减少企业与投资者之间的信息不对称，降低信贷错配风险，还可以提高企业经营效率，降低公司内部代理成本，这在一定程度上可以弥补环境处罚导致资本成本提高的不利影响。借鉴陈作华和方红星（2019）的研究采用迪博上市公司的内部控制指数（IC）作为衡量企业内部控制质量的指标，IC 指数越大，内部控制质量越高。根据 IC 指数的中位数进行分组，IC 指数大的样本落入高内部控制质量子样本，否则落入低内部控制质量子样本。

从表 4-13 可以看出，内部控制质量差的企业环境处罚（Penalty）与债务资本成本（Debt_cost）在 10% 的水平上显著正相关，与权益资本成本（Equity_cost）在 1% 水平上显著正相关，结论与全样本一致。而内部控制质量好的企业环境处罚则与债务资本成本和权益资本成本之间不具有统计意义的显著关系。上述结果说明环境处罚对资本成本的正向影响只在内部控制质量差的子样本中成立，证实了良好的内部控制可以弥补环境处罚对资本成本带来的不利影响。

表 4-13　　内部控制异质性分析回归结果

Variable	(1)	(2)	(3)	(4)
	内控质量差	内控质量好	内控质量差	内控质量好
	Debt_cost	Debt_cost	Equity_cost	Equity_cost
Penalty	0.160* (1.951)	0.107 (1.265)	0.710*** (2.989)	0.325 (1.496)
Controls	Yes	Yes	Yes	Yes
Industry FE	Yes	Yes	Yes	Yes
Year FE	Yes	Yes	Yes	Yes
Province FE	Yes	Yes	Yes	Yes
N	1 604	1 600	1 604	1 600
Adj. R^2	0.266	0.289	0.186	0.163

注：***、* 分别表示在 5%、10% 水平上显著；括号内数据为 t 值。

4.5.4　动态效应分析

通过前面的研究发现，环境处罚可以提高企业债务资本成本和权益资本成本，那么这种影响是否具有持续性呢？为此，进一步对环境处罚与企业资本成本之间的动态效应进行分析，分别将下一期和下两期的债务资本成本和权益资本成本作为被解释变量，是否受到环境处罚的当期作为解释变量，进行回归分析，分析结果如表 4－14 所示。

表 4－14　　　　动态效应分析回归结果

Variable	(1)	(2)	(3)	(4)
	F. Debt_cost	F2. Debt_cost	F. Equity_cost	F2. Equity_cost
Penalty	0.174*** (2.768)	0.186*** (2.648)	0.409** (2.258)	0.299 (1.514)
Controls	Yes	Yes	Yes	Yes
Industry FE	Yes	Yes	Yes	Yes
Year FE	Yes	Yes	Yes	Yes
Province FE	Yes	Yes	Yes	Yes
N	2 466	1 903	2 466	1 903
Adj. R^2	0.292	0.270	0.163	0.187

注：***、** 分别表示在 1%、5% 水平上显著；括号内数据为 t 值。

结果显示，企业是否受到环境处罚（Penalty）与滞后一期（F. Debt_cost）和滞后两期债务资本成本（F2. Debt_cost）均显著正相关，环境处罚与当期、滞后一期和滞后两期债务资本成本之间的回归系数分别为 0.144、0.174、0.186，可见环境处罚对债务资本成本的影响逐渐增强。企业是否受到环境处罚（Penalty）与滞后一期企业权益资本成本（F. Equity_cost）显著正相关，但与滞后两期权益资本成本（F2. Equity_cost）之间不存在显著关系，环境处罚与当期、滞后一期权益资本成本之间的回归系数分别为 0.558、0.409，可见环境处罚对权益资本成本的影响逐渐减弱。综合上述分析可以发现，债务市场与权益市场对环境处罚的反应有所不同，在债务市场中，环境处罚对债务资本成本的影响持续增强；而在权益市场中，环境处罚对权益资本成本的影响逐渐减弱。

4.6　实证结果分析

环境处罚作为环境规制工具的典型代表，不仅有环境效应，还有经济效应。本章以企业资本成本为切入点，通过分析 2014～2020 年 A 股重污染行业上市公司的环境处罚数据，研究环境处罚是否以及如何影响企业债务资本成本和权益资本成本，并比较环境处罚对两类不同性质资本成本影响的差异，以期为我国政府与市场联动促进企业环境治理提供经验性证据。研究发现，企业受到环境处罚后会显著提高企业后续的债务资本成本和权益资本成本，一方面说明，企业良好的环境表现可以降低企业的资本成本；另一方面也说明，环境处罚可以通过提高企业资本成本这一市场处罚机制来倒逼企业采取积极的环境行为，验证了恰当使用环境处罚这一环境规制工具的重要性。

从影响机制来看，融资约束是环境处罚与企业债务资本成本之间的中介变量，但是融资约束在环境处罚与企业权益资本成本之间的中介效应不成立。这一结果说明相较于债务市场而言，权益资本市场的投资人对环境处罚的反应并不明显，也不会因此显著加剧企业的融资约束。但从信息路径来看，企业信息透明度在环境处罚与企业债务资本成本和权益资本成本的关系中的中介效应得到验证。这也说明，企业的信息透明度会显著影响投资者的信息获取能力，企业受到环境处罚的信息可以向利益相关者传递出企业生产经营活动对自然环境的影响，通过强化声誉机制的作用来影响环境处罚与企业资本成本之间的关系。

进一步分析表明，产权性质没有显著影响环境处罚与权益资本成本的关系，再次验证了无论是对国有企业，还是非对国有企业而言，股权投资者对企业受到环境处罚并不会有显著反应。相反，债权投资者对企业受到环境处罚的反应则较为明显。对于国有企业而言，由于与政府之间存在的天然关系，也削弱了环境处罚在提升企业债务资本成本方面的正向作用。因此，该研究结论对于如何发挥环境处罚对于国有企业的积极影响有很好的借鉴意义。

行业竞争程度对环境处罚与企业债务资本成本有显著影响，但是对环境处罚与权益资本成本没有显著影响。研究结果表明，权益投资人对行业竞争度的关注并不明显，而债权人对行业竞争度较为敏感。较强的行业竞争会削弱环境处罚对企业债务资本成本的正向影响。一个可能的解释是，在竞争程度较强的行业中，投资人可能对企业的获利能力更感兴趣，而对因环境处罚而释放出的信息并不敏感，因此对债务资本成本提升的影响并不明显。

内部控制会显著影响环境处罚与企业资本成本。在内部控制较好的企业当中，环境处罚对企业后续债务资本成本和权益资本成本的影响并不显著，这说明尽管企业受到环境处罚，但企业较好的内部控制系统可以有效弥补环境处罚所带来的不利影响，因此对资本成本的提升影响不显著。但对内部控制较差的企业而言，由于企业内部控制程序的薄弱，环境处罚时所释放出的信号会放大投资人的反应，因此会显著提升企业后续的资本成本。

4.7 本章小结

通过选取 2014 ~ 2020 年沪深两市 A 股重污染行业上市公司作为样本，研究环境处罚对企业债务资本成本和权益资本成本的影响。研究发现，企业环境处罚可以显著提高企业的债务和权益资本成本。进一步研究发现，信息透明度在上述关系中起到中介作用，而融资约束仅在环境处罚与债务资本成本的关系之间起中介作用，并未在环境处罚与权益资本成本之间起到中介作用。异质性分析表明，环境处罚与企业债务资本成本之间的关系仅在非国有企业、行业竞争程度小和内部控制质量差的企业中成立，而环境处罚与企业权益资本成本之间的关系仅在内部控制质量差的企业中成立，不受产权性质和行业竞争程度的影响。动态效应分析发现，环境处罚对企业债务资本成本的影响逐渐增强，而对权益资本成本的影响逐渐减弱。

| 第5章 |

环境处罚对企业股价崩盘风险的影响研究

5.1 理论分析与研究假设

5.1.1 环境处罚对股价崩盘风险的影响

随着社会公众对企业环境表现的日益关注，政府环境规制的强度也日益提升（Li et al.，2023；Zeng et al.，2022；Zeng et al.，2022）。社会公众对企业环境表现的评估主要依赖于企业对外披露的环境信息，因此，越来越多的投资人开始关注企业的环境信息披露，并将其作为环境绩效评估的重要依据（Zhang et al.，2022；Xu et al.，2021；Clarkson et al.，2008）。环境处罚作为企业由于未遵守环保法规以及环境绩效不佳而受到的处罚，除了可以揭示企业所面临的潜在环境风险，也可以被视为是企业被动披露负面环境信息的重要手段（Zou et al.，2015）。随着投资人对环境信息的日益重视，股票价格对环境信息的反应也会越来越敏感。

股价崩盘是指在无任何预兆信息的前提下个股股价急剧性大幅下跌，使投资者财富在短时间内急剧缩水（Callen and Fang，2015；Chen et al.，2001）。已有文献主要基于代理理论和信息不对称理论从内部和外部因素两个方面来研究股价崩盘风险的影响因素（Habib et al.，2018；Ali et al.，2022）。其中，内部因素包括财务信息透明度（Jin and Myers，2006；Hutton et al.，2009；Chen et al.，2017；Kim and Zhang，2014；Kim et al.，2011）、公司治理特征（Andreou et al.，2016；Callen and Fang，2013；Xu et al.，2014；Shahab et al.，2020）、内部控制质量（Chen et al.，2016；Kim et al.，2017）以及管理者特征，尤其是 CEO 特征（Shahab et al.，2020；Andreou et al.，2017；Kim et al.，2011；Kim et al.，2016；Kim et al.，2021；Habib and Hasan，2017）对公司股价崩盘风险的影响。除此之外，外部因素方面，如媒体报道（An et al.，2020；He et al.，2022；Wu et al.，2022）、分析师报道（Kim et al.，2019；Xu et al.，2013）、金融市场特征（Cao et al.，2018；Chang et al.，2017；Jin et al.，2019；Zhang and Ding，2023）以及宗教等非正式制度（Callen and Fang，2015；Li et al.，2017；Piotroski et al.，2015），也会对公司股价崩盘风险产生影响。总体而言，导致股价崩盘风险的原因在于管理层通过信息优势对负面信息进行隐瞒。当负面信息的积累超过一定临界点并向市场披露时，股价会瞬间下滑，形成股价崩盘风险（Jin and Myers，2006；Hutton et al.，2009）。

当企业环境表现较差时，尤其是那些难以达到污染排放标准的企业，管理层隐瞒负面环境信息的动机更加明显，由此导致负面环境信息的加速积累（Zhang et al.，2022）。当管理层对负面环境信息的隐瞒达到临界点时，股价崩盘风险就会增加。同时，企业负面环境信息的披露也可能导致企业停业、整改，甚至倒闭，进一步削弱企业的市场竞争力，增加股价崩盘风险（Li et al.，2023）。

相应地，当企业因环境不当行为受到处罚时，表明其环境绩效没有达到利益相关者的期望（Shevchenko，2021；Zou et al.，2015）。由于环境处罚会披露出负面环境信息，揭示企业所面临的潜在环境风险，从而引发公众的强烈反应，增加未来股价崩盘风险（Zou et al.，2015）。此外，与公司其他的财务信息相比，负面环境信息更容易被掩盖，外部投资者很难准确评估出企业的真实环境绩效，由此加剧了信息不对称程度（Zhang et al.，2022；Xu et al.，2021）。因此，当企业受到环境处罚而被动地披露出负面环境信息时，企业就会面临股价崩盘风险。

已有研究表明，负面非财务信息的披露容易引发股价崩盘风险。郑等

(Jung et al., 2019) 的研究揭示，隐瞒企业的不利信息，如贷款损失确认的延迟，会导致后续股价崩盘风险增加。刘 (Liu, 2021) 指出，管理层披露负面信息可能会增加未来股价崩盘风险。王和张 (Wong and Zhang, 2022) 指出，披露负面 ESG 信息会降低公司估值。同样，金等 (Jin et al., 2022) 的研究表明，大流行病风险的披露与股价崩盘风险的增加呈正相关。据此，提出本章的第一个假设：

H5 - 1：环境处罚作为负面环境信息的披露会加剧股价崩盘风险。

5.1.2　环境信息硬披露的调节作用

环境信息披露包括正面和负面环境信息披露。负面环境信息披露主要是披露企业因为生态环境违规而受到环境行政处罚或被追究刑事责任、突发生态环境事件、对社会公众和投资人有重大影响的环境失责行为等内容。正面环境信息披露又可以进一步分成硬披露和软披露。其中，环境信息硬披露包括披露企业实际的环境绩效情况、环保支出、与环境保护相关的治理结构和管理制度等内容。这些信息可以反映出企业为改善环境表现所采取的实质性而非策略性的环保行动，并且难以被其他企业模仿，具有可验证性。相反，环境信息的软披露包括披露企业的环保战略、环境目标、环境努力和环境概况等定性内容，其可验证性往往较差 (Clarkson et al., 2008; Du et al., 2014)。整体而言，环境信息硬披露可以展示企业的整体环境绩效和环境管理能力。已有研究表明，高质量的环境信息披露可以发挥积极作用，包括有助于提升企业的创新能力 (Jiang et al., 2019; Luo et al., 2022; Xiang et al., 2020)、更容易获得银行信贷资源并降低资本成本 (Wu and Xu, 2021; Du et al., 2017)、降低企业的投资风险 (Tzouvanas et al., 2020)、促进企业高质量发展 (Jiang et al., 2021) 以及提高企业的财务绩效 (Wang et al., 2020; Li et al., 2017; Al-Tuwaijri et al., 2004; Lyon and Shimshack, 2012)。

随着环境处罚的日益严格，企业理应通过恰当的环保行动来解决其潜在的环境风险 (Li et al., 2023)。同时，如果企业披露正面的环境信息会产生积极影响，为了向社会公众和投资者展示其在环境保护方面所做的实质性努力，企业也需要主动披露其正面环境信息，尤其是披露硬性环境信息（Xu et al.，2021）。特别是在中国现行制度背景下，除重点排污单位外，在2022年之前[①]，大部分企业在环境信息披露的内容和方式上有很大的自主权（Zheng et al.，2020）。通过大量环境信息的硬披露，可以真实反映出企业在环保方面所做的努力，从而削弱管理层隐瞒不利消息的动机，有效缓解管理层与投资者之间的信息不对称，降低环境处罚对股价崩盘风险的不利影响（Zhang et al.，2022；Wen，2023；Kasim，2017）。此外，环境信息硬披露有利于企业树立正面的形象并提高自身声誉（Morales-Raya et al.，2018）。当企业受到负面环境新闻牵连时，良好的声誉可以有效缓解投资者的非理性情绪，降低企业股票被大规模抛售的可能性，从而减轻环境处罚对未来股价崩盘风险的不利影响（Zhang et al.，2022；Bae et al.，2021）。最后，当企业受到环境处罚后，企业通过策略性披露来进行“漂绿”和掩盖环境风险的空间有限（Kim and Lyon，2015），这也倒逼企业披露更准确、更客观的环境信息（Li et al.，2023）。这有利于投资者更好地了解企业真实的环境绩效，调整对企业未来风险的预期，提高盈余预测的准确性，并最终减少股价泡沫（Zhang et al.，2022；Wen，2023；Bae et al.，2021；Kim et al.，2014）。

综上，环境信息硬披露可以有效缓解信息不对称，帮助企业树立良好的环保形象。因此，当企业受到环境处罚时，通过披露较多的硬性环境信息可以有效缓解负面环境信息对未来股价崩盘风险的促进作用。现有文献也证实，企业社会责任信息（Kim et al.，2014；Yang et al.，2022）、ESG信息（Bae et al.，2021；Feng et al.，2022）以及环境信息（Zhang et al.，2022；Wen，2023）等非财务信息的披露有助于降低未来股价崩盘风险。基于以上讨论，提出了本章第二个假设：

H5-2：硬性环境信息披露可以缓解环境处罚对股价崩盘风险的不利影响。

---

① 《企业环境信息依法披露格式准则》已于2021年12月31日由生态环境部印发，自2022年2月8日起执行。

5.2 研究设计

5.2.1 样本选择与数据来源

本章继续以重污染行业上市公司为研究对象。重污染行业根据《上市公司环境信息披露指引》和《上市公司环保核查行业分类管理名录》两个官方文件共确定出 16 个重污染行业。研究期间为 2014 ~ 2020 年。样本的筛选程序如下：首先，剔除 ST 和 *ST 公司，以减少公司财务异常状况的影响；其次，剔除每年交易周数少于 30 周的公司，以保证公司股价崩盘风险衡量的可靠性；再次，考虑上市时间长短的潜在影响，剔除公司上市时间不足一年的样本；最后，剔除相关变量数据缺失的样本。经过上述筛选程序，最终研究样本由 3 440 个公司 – 年度观测值组成。

在数据来源方面，环境处罚相关数据来源于公众环境研究中心。公众环境研究中心披露的环境处罚数据具有较高的可信度，有学者采用该数据的研究成果已在权威期刊上发表，如罗等（Lo et al.，2018）以及李等（Li et al.，2023）的研究。媒体报道的数据来自中国研究数据服务平台，其余数据来自国泰安数据库。为消除极端值的潜在影响，对所有连续变量进行左右 1% 水平的缩尾处理。

5.2.2 变量定义

5.2.2.1 被解释变量

已有文献对股价崩盘风险的衡量较为统一。根据基姆等（Kim et al.，2014）以及本 – 纳斯尔和古马（Ben-Nasr and Ghouma，2018）的研究，本章基于陈等（Chen et al.，2001）提出的市场模型，使用负收益偏态系数（NCSKEW）和收益上下波动率（DUVOL）两个指标作为股价崩盘风险的衡量指标。

首先，通过构建模型（5－1）来计算个股的周特有收益率：

$$r_{i,t} = \alpha + \beta_1 r_{m,t-2} + \beta_2 r_{m,t-1} + \beta_3 r_{m,t} + \beta_4 r_{m,t+1} + \beta_5 r_{m,t+2} + \varepsilon_{i,t} \quad (5-1)$$

其中，$r_{i,t}$为股票 i 在第 t 周考虑现金红利再投资的收益率，$r_{m,t}$为 A 股所有股票在第 t 周经流通市值加权后的平均收益率，$\varepsilon_{i,t}$为残差项。此外，为了降低单个股票收益的非平稳性，控制市场非同步性带来的影响，模型还引入市场收益的滞后项和超前项（Dimson，1979）。

据此，进一步计算个股的周特有收益率为：

$$R_{i,t} = \ln(1 + \varepsilon_{i,t}) \quad (5-2)$$

其中，$\varepsilon_{i,t}$为模型（5－1）的残差。在此基础上，构建负收益偏态系数（NCSKEW）如下：

$$NCSKEW_{i,t} = \frac{-[n(n-1)^{3/2}\sum R_{i,t}^3]}{(n-1)(n-2)(\sum R_{i,t}^2)^{3/2}} \quad (5-3)$$

其中，n 为个股年交易周数，$R_{i,t}$为个股周特有收益率。

同时，构建收益上下波动率（DUVOL）如下：

$$DUVOL_{i,t} = \log\frac{(n_{up}-1)\sum_{down} R_{i,t}^2}{(n_{down}-1)\sum_{up} R_{i,t}^2} \quad (5-4)$$

其中，n_{up}为当年个股收益率高于平均收益率的周数，n_{down}为当年个股收益率低于平均收益率的周数。负收益偏态系数（NCSKEW）和收益上下波动率（DUVOL）的变动越大，表明公司股价崩盘风险越高。

5.2.2.2 解释变量

在中国现行制度背景下，政府会对违反环境规制的企业进行环境处罚，包括采取警告、罚款、及时或限期整改、暂停营业进行修改、没收非法所得、行政拘留甚至关停等措施（Li et al.，2023）。不同环境处罚措施意味着企业所面临的环境风险不一样，所释放出的负面环境信息含量也不一致。为了全面反映企业的环境风险以及蕴含的负面环境信息含量，在衡量环境处罚时，除了考虑企业受到环境处罚的数量外，还需要考虑每一次环境处罚的严重程度。具体来说，首先根据不同环境处罚措施的严重程度，分别按照 1 到 12 的取值来赋予不同的权重（Li et al.，2023）；其次，通过汇总公司年内每一次环境处罚的严重程度得出环境处罚的总严重程度；最后借鉴谢夫琴科（Shevchenko，2021）的方法，对环境处罚总严重程度加 1 并取自然对数作为环境处罚的代理变量（Penalty）。指标值越大，说明企业面临的环境风险越高，负面环境信息的含量越高。

5.2.2.3　调节变量

本章重点关注环境信息硬披露的调节作用。为了衡量出环境信息硬披露水平（EID），借鉴张等（Zhang et al.，2022）、向等（Xiang et al.，2020）以及武和徐（Wu and Xu，2021）的做法，采用内容分析法进行具体分析。从企业年度财务报告、企业社会责任报告、ESG 报告和可持续发展报告收集的数据可以全面反映出企业环境信息的披露情况。根据克拉克森等（2008）构建的环境信息披露框架，结合具体的制度背景，本章从环境治理、环境监督和环境管理三个维度来评价企业环境信息硬披露的水平。表 5 - 1 列出了各维度评价指标的具体构成。

表 5 - 1　　企业环境信息硬披露的评价框架

维度	指标	计分标准
环境治理信息	是否披露企业进行废气减排和处理的信息	否取 0；是且披露定性信息取 1；是且披露定量信息取 2
	是否披露企业进行废水减排和处理的信息	
	是否披露企业进行烟尘减排和处理的信息	
	是否披露企业进行固体废物的循环利用和处理的信息	
	是否披露企业处理来自噪声、光和辐射的污染的信息	
	是否披露企业实施清洁生产的信息	
环境监督信息	是否披露企业符合污染物排放标准的信息	是取 1；否取 0
	是否披露企业通过 ISO 14001 认证的信息	
	是否披露企业通过 ISO 9001 认证的信息	

续表

维度	指标	计分标准
环境管理信息	是否披露企业过去在环境方面的成就	是取 1；否取 0
	是否对员工进行环境保护方面的教育和培训	
	是否参与环境保护活动	
	是否获得环境保护相关奖项	
	是否执行“三同时”制度	

5.2.2.4 控制变量

为了控制影响股价崩盘风险的其他因素，参考以往研究（Zhang et al.，2022；Kim et al.，2011；Kim et al.，2014），在回归中也加入一系列控制变量，包括公司规模（Size）、资产负债率（Lev）、公司成立年龄（EstAge）、资产收益率（ROA）、市值账面比（MB）、第一大股东持股比例（Top1）、股票月均换手率（Turnover）企业年度周收益标准差（Sigma）以及平均周特有收益率（Ret）。此外，本章研究也控制了行业和年度固定效应。所有变量的衡量方法如表 5－2 所示。

表 5－2　变量定义

类型	名称	符号	测度
被解释变量	负收益偏态系数	NCSKEW	具体参见模型（5－2）
	收益上下波动率	DUVOL	具体参见模型（5－3）
解释变量	环境处罚	Penalty	ln(1＋企业及其关联子公司在某一年受到环境处罚严重程度总和)
调节变量	硬性环境披露	EID	环境信息硬披露得分
控制变量	公司规模	Size	ln(总资产)
	资产负债率	Lev	总负债/总资产
	企业年龄	EstAge	企业成立年数
	资产收益率	ROA	净利润/总资产
	市值账面比	MB	总市值与总资产的比值
	第一大股东持股比例	Top1	第一大股东持股数/总股数
	股票月均换手率	Turnover	个股月均换手率
	年度周收益标准差	Sigma	周特有收益率的标准差
	平均周特有收益率	Ret	周特有收益率的平均值

5.2.3　模型设计

本章通过构建模型（5－5）来检验环境处罚对股价崩盘风险的影响：

$$CrashRisk_{i,t+1} = \beta_0 + \beta_1 Penalty_{i,t} + \sum_{j=1}^{k} \beta_j \, Controls_{i,t} + \eta_j + \gamma_t + \varepsilon_{it} \quad (5-5)$$

其中，$CrashRisk_{t+1}$为 t+1 期的股价崩盘风险，具体通过 $NCSKEW_{t+1}$和 $DUVOL_{t+1}$两个变量来衡量，η_j和 γ_t分别为行业和年度固定效应。考虑环境处罚对股价崩盘风险的影响存在滞后性，借鉴以往研究（Zhang et al.，2022；Bae et al.，2021），被解释变量（NCSKEW 和 DUVOL）均采用 t+1 期，该方法也可以在一定程度上缓解环境处罚与公司股价崩盘风险之间的内生性问题。另外，在模型（5－5）中，也将第 t 年的 NCSKEW 和 DUVOL 作为控制变量分别纳入相应的回归模型中（Zhang et al.，2022）。

为了研究环境信息硬披露对环境处罚与未来股价崩盘风险关系的调节作用，参考以往研究，在模型（5－5）的基础上，进一步引入调节变量（EID）和交互项（Penalty×EID），具体如模型（5－6）所示：

$$CrashRisk_{i,t+1} = \beta_0 + \beta_1 Penalty_{i,t} + \beta_2 EID_{i,t} + \beta_3 Penalty_{i,t} \times EID_{i,t} + \sum_{j=1}^{k} \beta_j Controls_{i,t} + \eta_j + \gamma_t + \varepsilon_{it} \quad (5-6)$$

为了有效缓解多重共线性的影响，在将交互项引入模型之前，先将其进行去中心化处理。交互项 Penalty×EID 的回归系数及显著性水平是本章关注的重点内容，可以验证假设 H5－2 是否成立。

5.3　实证结果

5.3.1　描述性统计

全部变量的描述性统计结果如表 5－3 所示。$NCSKEW_{t+1}$的均值为

-0.309，标准差为0.736，$DUVOL_{t+1}$的均值为-0.213，标准差为0.491，表明不同企业的股价崩盘风险存在较大差异。环境处罚的最小值为0，最大值为5.541，表明不同企业的环境处罚程度有较大差异，进一步可以得出企业所面临的环境风险存在较大差异。EID的均值为5.693，标准差为4.176，同样也表明不同企业在环境信息硬披露水平方面也存在很大差距。其余变量的描述性统计结果与已有研究的描述性统计结果基本一致。

表5-3　　描述性统计

Variable	N	Mean	SD	Median	Min	Max
$NCSKEW_{t+1}$	3 440	-0.309	0.736	-0.281	-2.790	2.330
$DUVOL_{t+1}$	3 440	-0.213	0.491	-0.211	-1.482	1.542
Penalty	3 440	0.520	1.036	0.000	0.000	5.541
EID	3 440	5.693	4.176	5.000	0.000	20.000
Size	3 440	22.418	1.306	22.182	19.916	26.314
Lev	3 440	0.408	0.195	0.398	0.042	0.924
EstAge	3 440	2.859	0.293	2.890	1.792	3.497
ROA	3 440	0.050	0.057	0.042	-0.227	0.257
MB	3 440	3.764	3.110	3.138	1.144	81.581
Top1	3 440	37.047	14.746	35.490	8.448	79.400
Turnover	3 440	49.055	44.157	35.748	3.026	334.435
Sigma	3 440	0.062	0.027	0.056	0.018	0.212
Ret	3 440	0.002	0.010	0.001	-0.020	0.058

5.3.2　相关性分析

表5-4列示了主要变量Pearson相关系数的检验结果。$NCSKEW_{t+1}$与$DUVOL_{t+1}$之间的相关系数为0.882，表明两个变量在衡量股价崩盘风险方面具有一致性。此外，环境处罚与$NCSKEW_{t+1}$和$DUVOL_{t+1}$呈正相关，但并不显著，因此，需要有更严格的方法来检验两者之间的因果关系。最后，为了检验变量之间是否存在严重的多重共线性问题，本章也计算了所有变量的方

差膨胀因子（variance inflation factors，VIF）。结果表明，VIF 的最大值和均值均小于 10，说明各解释变量和控制变量之间不存在严重的多重共线性问题。

表 5 –4　　　　　　　　　　　　　相关性分析

Variable	$NCSKEW_{t+1}$	$DUVOL_{t+1}$	Penalty	EID
$NCSKEW_{t+1}$	1			
$DUVOL_{t+1}$	0.882 ***	1		
Penalty	0.019	0.025	1	
EID	–0.020	–0.017	0.252 ***	1

注：*** 表示在 1% 水平上显著。

5.3.3　基准回归结果

5.3.3.1　环境处罚对企业股价崩盘风险的影响

表 5 –5 列示了环境处罚对企业股价崩盘风险影响的实证检验结果。Penalty 对 $NCSKEW_{t+1}$ 的影响在 10% 的水平上显著正相关（0.0252，t =1.906），对 $DUVOL_{t+1}$ 的影响在 5% 的水平上显著正相关（0.0237，t =2.554）。因此，H5 –1 得到支持，表明企业因环境违规受到处罚后会面临更高的股价崩盘风险。

表 5 –5　　　　　环境处罚影响企业股价崩盘风险的回归结果

Variable	(1)	(2)
	$NCSKEW_{t+1}$	$DUVOL_{t+1}$
Penalty	0.0252 * (1.906)	0.0237 ** (2.554)
Size	–0.0093 (–0.622)	–0.0084 (–0.843)
Lev	–0.1163 (–1.189)	–0.0909 (–1.415)

续表

Variable	(1)	(2)
	$NCSKEW_{t+1}$	$DUVOL_{t+1}$
EstAge	0.0423 (0.927)	0.0527* (1.732)
ROA	0.0819 (0.300)	0.0208 (0.117)
MB	0.0116*** (2.889)	0.0093*** (3.345)
Top1	0.0008 (0.895)	0.0005 (0.934)
Turnover	0.0000 (0.093)	0.0002 (0.615)
Sigma	-1.3506 (-1.418)	-1.1441* (-1.834)
Ret	12.9136*** (5.984)	9.0361*** (6.275)
NCSKEW	0.0568*** (3.219)	
DUVOL		0.0676*** (3.968)
_cons	-0.1974 (-0.549)	-0.1786 (-0.752)
Industry FE	Yes	Yes
Year FE	Yes	Yes
N	3 440	3 440
Adj. R^2	0.0712	0.0820

注：***、**、*分别表示在1%、5%、10%水平上显著；括号内数据为t值。

5.3.3.2 环境信息硬披露的调节作用

环境信息硬披露能否在环境处罚与企业股价崩盘风险之间发挥调节作用的检验结果如表5-6所示。如列（1）所示，Penalty系数显著为正（0.0366，

t=2.627），同时，Penalty×EID的系数在1%的水平上显著为负（-0.0067，t=-2.766）。列（2）的结果与列（1）的结果类似，Penalty系数也在1%的水平上显著正相关（0.0300，t=3.037），Penalty×EID的系数也显著负相关（-0.0038，t=-2.291）。综合两部分的回归结果可以认为较高水平的环境信息硬披露能有效缓解环境处罚与企业未来股价崩盘风险之间的正相关关系，由此H5-2得到支持。图5-1和图5-2分别列示了环境信息硬披露对环境处罚与未来股价崩盘风险之间关系的调节作用。

表5-6　　　　环境信息硬披露的调节效应

Variable	(1)	(2)
	$NCSKEW_{t+1}$	$DUVOL_{t+1}$
Penalty	0.0366*** (2.627)	0.0300*** (3.037)
EID	0.0007 (0.232)	0.0008 (0.357)
Penalty×EID	-0.0067*** (-2.766)	-0.0038** (-2.291)
Size	-0.0070 (-0.451)	-0.0075 (-0.723)
Lev	-0.1280 (-1.308)	-0.0973 (-1.515)
EstAge	0.0396 (0.869)	0.0512* (1.685)
ROA	0.0657 (0.241)	0.0114 (0.064)
MB	0.0121*** (3.024)	0.0095*** (3.463)
Top1	0.0008 (0.896)	0.0005 (0.933)
Turnover	0.0000 (0.112)	0.0002 (0.630)

续表

Variable	(1)	(2)
	$NCSKEW_{t+1}$	$DUVOL_{t+1}$
Sigma	-1.2900 (-1.350)	-1.1032* (-1.764)
Ret	12.8065*** (5.948)	8.9785*** (6.242)
NCSKEW	0.0568*** (3.221)	
DUVOL		0.0682*** (4.003)
_cons	-0.2277 (-0.624)	-0.1888 (-0.779)
Industry FE	Yes	Yes
Year FE	Yes	Yes
N	3 440	3 440
Adj. R^2	0.0723	0.0826

注：***、**、*分别表示在1%、5%、10%水平上显著；括号内数据为t值。

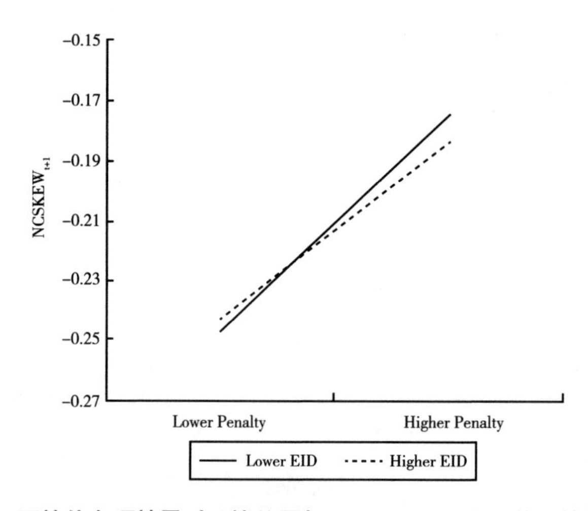

图5-1　环境信息硬披露对环境处罚与$NCSKEW_{t+1}$之间关系的调节作用

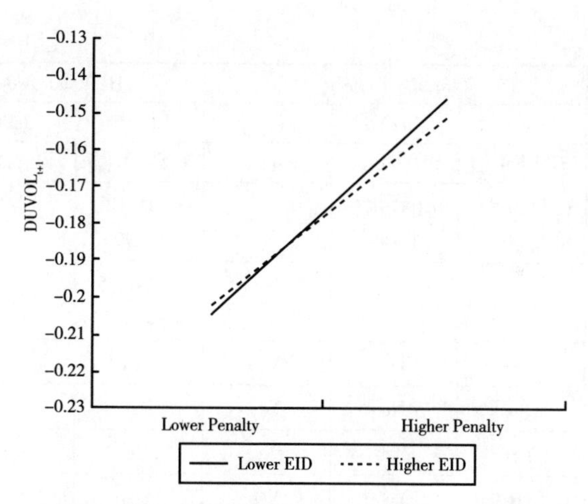

图 5-2　环境信息硬披露对环境处罚与 $DUVOL_{t+1}$ 之间关系的调节作用

5.3.4　稳健性检验

5.3.4.1　控制个体固定效应

在基准回归模型中，本章已控制了行业和年度的固定效应，有效地控制了不随个体变化的时间变化趋势（年度效应）以及不同行业特有且不随时间改变的因素，但仍然可能遗漏个体不可观测因素造成的内生性问题（Callen and Fang，2013；Luo and Wu，2022）。为了消除可能影响被解释变量的个体特征但又不随时间变化的遗漏变量影响，本章加入公司个体固定效应进行控制。表 5-7 中第（1）列和第（2）列显示的结果与前面得到的结果一致，证明了回归结果的稳健性。

表 5-7　　　　个体固定效应和 Heckman 检验回归结果

Variable	Firm fixed effects			Heckman two-stage model		
	(1)	(2)	(3)	(4)	(5)	(6)
	$NCSKEW_{t+1}$	$DUVOL_{t+1}$	Penalty	$NCSKEW_{t+1}$	Penalty	$DUVOL_{t+1}$
MeanPenalty1			0.4879 * (1.713)		0.4780 * (1.683)	
MeanPenalty2			0.6354 *** (8.610)		0.6344 *** (8.573)	

续表

Variable	Firm fixed effects			Heckman two-stage model		
	(1)	(2)	(3)	(4)	(5)	(6)
	$NCSKEW_{t+1}$	$DUVOL_{t+1}$	Penalty	$NCSKEW_{t+1}$	Penalty	$DUVOL_{t+1}$
Penalty	0.1199 *** (4.449)	0.0676 *** (3.745)		0.0251 * (1.899)		0.0237 ** (2.562)
IMR				-0.0175 (-0.242)		0.0123 (0.257)
Control variables	Yes	Yes	Yes	Yes		Yes
Industry FE	No	No	Yes	Yes		Yes
Firm FE	Yes	Yes	No	No	No	No
Year FE	Yes	Yes	Yes	Yes		Yes
N	3 440	3 440	3 440	3 440	3 440	3 440
Adj. R^2/Pseudo R^2	0.1439	0.1483	0.2976	0.0710	0.2954	0.0817

注：***、**、* 分别表示在 1%、5%、10% 水平上显著；括号内数据为 t 值。

5.3.4.2 Heckman 两阶段回归法

由于回归样本中环境处罚与公司股价崩盘风险之间可能存在由于样本选择偏差而造成的内生性问题，因此，本章使用 Heckman 两阶段回归法来降低样本选择性偏差的影响。具体来看，第一步，使用 Probit 模型计算得到逆米尔斯比率（IMR）。与全等（Quan et al.，2023）和李等（Li et al.，2023）的方法一致，使用同一行业内环境处罚程度的年度均值（MeanPenalty1）和同一省份内环境处罚程度的年度均值（MeanPenalty2）作为工具变量。此外，在 Probit 模型中也加入模型（5－5）中提到的所有控制变量。第二步，将第一步计算得到的 IMR 加入主回归模型，并再次进行回归。表 5－7 中第（4）列和第（6）列的结果均显示环境处罚的系数显著为正，并具有统计意义上的显著性，证明研究结论具有稳健性。

5.3.4.3 倾向性得分匹配法（PSM）

由于环境处罚只针对样本中的一部分企业，本章也采用 PSM 方法来解决样本选择偏差，从而控制住公司特征差异对研究结论的影响。首先，使用Logit模型评估企业受到环境处罚的倾向性得分，将模型（5－5）中提到的所有变量作为协变量。根据倾向性得分，将实验组（Penalty＝1）与控制组（Penalty＝0）按照最近邻匹配法进行匹配，通过这种方法，可以确保处理组和对照组在是否受到环境惩罚的倾向方面具有可比性。进一步使用匹配后的样本进行回归分析，结果如表5－8中第（1）列和第（2）列所示。结果表明，研究结论依然成立。

表5－8　　PSM和系统GMM检验回归结果

Variable	PSM		GMM	
	(1)	(2)	(3)	(4)
	NCSKEWt＋1	DUVOLt＋1	DUVOLt＋1	NCSKEWt＋1
Penalty	0.037 *** (2.586)	0.030 *** (2.941)	0.1593 *** (2.727)	0.0937 *** (3.159)
Control variables	Yes	Yes	Yes	Yes
Industry FE	Yes	Yes	Yes	Yes
Year FE	Yes	Yes	Yes	Yes
N	1 658	1 658	3 440	3 440
Adj. R^2	0.091	0.090		
AR(1) (p value)			0.000	0.000
AR(2) (p value)			0.534	0.600
Sargan test (p value)			0.701	0.127

注：*** 表示在1%水平上显著；括号内数据为t值。

5.3.4.4　系统GMM

由于主回归模型使用了当期的自变量（NCSKEW或DUVOL）作为控制变量，因此，仅使用简单的固定效应回归模型进行估计可能会产生偏差。另外，与差分GMM相比，系统GMM可以纳入更多的工具变量，并显著提高系数估计结果的准确性（Roodman，2009；Blundell and Bond，1998）。因此，借鉴已有研究，本章也采用动态GMM估计来进一步缓解内生性问题（Arellano and Bond，1991）。

表5－8中的第（3）列和第（4）列列示了系统GMM的估计结果。AR(2）检验表明误差不存在二阶序列相关性。由于Sargan检验结果的p值超过0.1，证明不存在过度识别问题，工具变量有效。系统GMM的回归结果证实了环境处罚对企业未来股价崩盘风险有显著正影响的结论。

5.3.4.5 更换解释变量的衡量方法

为了解决变量衡量偏误对回归结果的影响，根据谢夫琴科（2021）的研究，本章也构建哑变量（Penalty_dummy）来衡量环境处罚。如果企业在年度内受到环境处罚，则Penalty_dummy取值为1，否则为0。表5－9中第（1）列和第（2）列报告了重新估计的回归结果，H5－1再次得到支持。

表5－9　　更换度量方式的检验回归结果

Variable	更换环境处罚		更换股价崩盘风险	
	(1)	(2)	(3)	(4)
	$NCSKEW_{t+1}$	$DUVOL_{t+1}$	$NCSKEW\_new_{t+1}$	$DUVOL\_new_{t+1}$
Penalty_dummy	0.1420*** (4.625)	0.0957*** (4.582)		
Penalty			0.0221 (1.614)	0.0210** (2.283)
Control variables	Yes	Yes	Yes	Yes
Industry FE	Yes	Yes	Yes	Yes
Year FE	Yes	Yes	Yes	Yes
N	3 440	3 440	3 440	3 440
Adj. R^2	0.0754	0.0856	0.0654	0.0796

注：***、**分别表示在1%、5%水平上显著；括号内数据为t值。

5.3.4.6 更换被解释变量的衡量方法

在主回归中，本章使用了股票i在第t周的周收益率来测度股价崩盘风险的程度，该收益率的计算是基于流通市值加权平均法。在稳健性检验中，借鉴基姆等（2011）的研究，也使用平均市值法和总市值法来计算周特有收益率，进一步重新衡量股价崩盘风险程度，新构建的指标为 NCSKEW_new 和 DUVOL_new。根据表 5 - 9 中第（3）列和第（4）列结果显示，除了处罚对 $NCSKEW\_new_{t+1}$ 的影响不显著外，其他结果仍保持一致，表明环境处罚对未来股价崩盘风险有显著正影响。

5.4　进一步分析

5.4.1　媒体报道的影响

媒体报道作为一种有效的外部治理机制，在向社会公众传播企业信息方面发挥着重要作用。一般来说，当企业面临较高水平的媒体报道时，它能为投资者提供更多关于企业内部的环境信息，从而减少企业与投资者之间的信息不对称，提高企业的信息透明度，降低坏消息囤积的可能（An et al.，2020）。另外，当企业面临高强度的媒体关注时，也会有效抑制企业高管所采取的机会主义行为，倒逼企业高管采取实质性环保行动来解决潜在的环境危机。因此，企业发生股价崩盘风险的可能性会降低（Luo and Du，2014）。综上，较高水平的媒体报道会显著缓解环境处罚对未来股价崩盘风险的促进作用。

对于媒体报道的衡量，借鉴安等（An et al.，2020）和李等（Li et al.，2023）的做法，使用某一年内企业收到纸质媒体和互联网媒体新闻报道的总数并加 1 取自然对数。如表 5 - 10 中第（1）列和第（2）列的回归结果所示，交互项（Penalty × Media）均在 1% 水平上显著为负。结果表明，媒体报道会显著减轻环境处罚对未来股价崩盘风险的促进作用。因此，媒体报道作为一种有效的外部治理手段，在促进信息传播和缓解信息不对称方面发挥着重要作用。

表 5 - 10　　媒体报道影响的检验结果

Variable	(1)	(2)
	$NCSKEW_{t+1}$	$DUVOL_{t+1}$
Penalty	0.0416*** (2.947)	0.0346*** (3.417)
Media	-0.0217 (-1.299)	-0.0179 (-1.574)
Penalty × Media	-0.0259*** (-2.807)	-0.0171*** (-2.612)
Control variables	Yes	Yes
Industry FE	Yes	Yes
Year FE	Yes	Yes
N	3 440	3 440
Adj. R^2	0.0727	0.0837

注：*** 表示在 1% 水平上显著；括号内数据为 t 值。

5.4.2　是否由十大会计师事务所审计的影响

作为另一种外部治理机制，高质量的外部审计可以有效削弱管理层囤积负面信息的动机，确保投资人能够获取更高质量的信息（An et al.，2020）。此外，选择国际四大或者国内十大会计师事务所意味着企业致力于对外提供可靠的财务报告和提高企业的信息透明度。因此，企业出现股价崩盘风险的可能性会降低（Xu et al.，2014；Chen et al.，2016）。据此推测，高质量的审计会缓解环境处罚对未来股价崩盘风险的促进作用。

如果公司当年由国内十大会计师事务所进行审计，则变量值（Top 10 auditor）取 1，否则为 0。根据公司的审计师是否来自十大会计师事务所将整个样本分为两组，并重新进行回归。表 5 - 11 的结果显示，当公司由十大会计师事务所进行审计时，环境处罚与未来股价崩盘风险之间的关系并不显著；相反，由非十大会计师事务所审计的公司，其环境处罚与未来股价崩盘风险之间仍存在显著正相关关系。回归结果表明，高质量的审计的确会减轻环境处罚对未来股价崩盘风险的促进作用①。

表 5-11　　是否由十大会计师事务所审计影响的检验结果

Variable	Top 10 auditor = 0		Top 10 auditor = 1	
	(1)	(2)	(3)	(4)
	$NCSKEW_{t+1}$	$DUVOL_{t+1}$	$NCSKEW_{t+1}$	$DUVOL_{t+1}$
Penalty	0.0552 *** (2.608)	0.0457 *** (2.916)	0.0107 (0.622)	0.0128 (1.103)
Control variables	Yes	Yes	Yes	Yes
Industry FE	Yes	Yes	Yes	Yes
Year FE	Yes	Yes	Yes	Yes
N	1 379	1 379	2 061	2 061
Adj. R^2	0.0801	0.0871	0.0643	0.0803

注：*** 表示在 1% 水平上显著；括号内数据为 t 值。

5.4.3　企业是否被列为重点排污单位的影响

自 2014 年起，由于较大的污染物排放量和较高的环境风险，生态环境部门逐渐加强对重点排污单位的监督和管理（Zhang et al.，2022；Shih et al.，2021），并陆续颁布了一系列法律法规，包括《国家重点监控企业自行监测及信息公开办法》《中华人民共和国环境保护法》《企业事业单位环境信息公开办法》等。与非重点排污单位不同，当企业被认定为重点排污单位时，利益相关者自然会密切关注企业的环境绩效，并对企业施加较大的监管压力（Zheng et al.，2020；Shih et al.，2021）。因此，重点排污单位管理层隐瞒负面消息的动机将会被削弱，从而缓解环境处罚对未来股价崩盘风险的促进作用。

为了检验企业是否被列入重点排污单位的影响，本章构造新变量 Key。

① 为了研究高质量审计的影响，本书还按照公司是否由四大会计师事务所进行审计，将整个样本分为两个子样本。回归结果保持不变。由于篇幅有限，作者没有报告该结果，留存备索。

如果企业被列为重点排污单位，则 Key 取值为 1，否则为 0。相关回归结果参见表 5－12。结果表明，对于被列为重点排污单位的企业而言，环保处罚对未来股价崩盘风险的促进作用更为显著，而未被列入重点排污单位的企业，其环境处罚对未来股价崩盘风险的影响并不显著。因此，政府监管在发挥积极外部治理作用方面没有得到支持。本章也将在下一节内容中讨论政府监管没有发挥积极作用的原因。

表 5－12　　企业是否被列为重点排污单位影响的检验结果

Variable	Key pollutant-discharge firms = 0		Key pollutant-discharge firms = 1	
	(1)	(2)	(3)	(4)
	$NCSKEW_{t+1}$	$DUVOL_{t+1}$	$NCSKEW_{t+1}$	$DUVOL_{t+1}$
Penalty	0. 0259 (1. 226)	0. 0208 (1. 388)	0. 0310 * (1. 770)	0. 0296 ** (2. 414)
Control variables	Yes	Yes	Yes	Yes
Industry FE	Yes	Yes	Yes	Yes
Year FE	Yes	Yes	Yes	Yes
N	2 104	2 104	1 336	1 336
Adj. R^2	0. 0559	0. 0677	0. 1004	0. 1091

注：** 、* 分别表示在 5%、10% 水平上显著；括号内数据为 t 值。

5.5　实证结果分析

当前，利益相关者越来越重视企业的环境表现。当企业受到环境处罚时，不仅潜在的环境风险会暴露出来，负面环境信息也因此披露。本章将环境处罚视为企业披露负面环境信息的渠道，并研究环境处罚对未来股价崩盘风险的影响。研究结果支持假设 H5－1，表明企业受到环境处罚后会加剧未来股价崩盘风险。研究结果也从侧面印证了环境处罚作为政府监督企业环境表现的重要监管手段，环境处罚自身蕴含的负面环境信息会增加企业未来股价崩盘风险。该研究结论与已有文献的研究结论一致，即负面的非财务信息是导致公司股价崩盘风险的重要影响因素（Jung et al.，2019；Liu，2021；Wong and Zhang，2022），这也为企业如何通过加强环境治理来减轻股价崩盘风险提供了有益启示。

为了检验不同类型环境信息披露是否具有双重作用，本章进一步研究环境处罚所披露的负面环境信息与环境信息硬披露之间的交互作用对公司股价崩盘风险的影响。回归结果表明，环境信息硬披露可以有效缓解环境处罚对公司未来股价崩盘风险的促进作用，假设 H5－2 得到支持。本章得到环境信息硬披露能够发挥出积极作用的结论与已有文献的研究结论一致，如张等（Zhang et al.，2022）和温（Wen，2023）的研究。另外，本章研究结论也表明环境信息具有双重作用，一方面，企业披露出的负面环境信息会对公司股价有负面影响；另一方面，企业通过环境信息硬披露展示出企业所采取的实质性环保行动又能够给企业带来显著优势，包括减少企业与外部投资者之间的信息不对称、改善企业的公众形象和声誉、与外部利益相关者建立起良好的合作关系等。因此，积极主动的环境信息硬披露的重要性也得到验证。

有效的内部公司治理能够减少管理层的机会主义行为。但当企业内部公司治理较为薄弱时，外部公司治理作为内部公司治理的有益补充，可以弥补内部公司治理的不足，削弱管理层隐瞒负面消息的动机，从而缓解信息不对称，降低股价崩盘风险（Kim et al.，2014）。本章的研究结果也证明了较多的媒体关注和高质量的外部审计作为有效的外部治理机制的代表能够缓解环境处罚对未来股价崩盘风险的不利影响。该研究结论也与已有研究的结论保持一致（Xu et al.，2014；Chen et al.，2016；An et al.，2020）。

但值得注意的是，分组回归结果表明，对于列入重点排污单位名单的企业而言，环境处罚对股价崩盘风险的影响更加显著。据此可以得到结论：以政府为代表的外部治理机制在缓解环境处罚对公司未来股价崩盘风险的不利影响方面没有发挥积极作用。导致该结果可能的原因在于，环境处罚这一规制工具并没有因地制宜地调整或者环境处罚没有得到地方政府的严格执行，部分地方政府依然追求经济发展这种短期利益，忽略环境保护这种长期利益，所以导致政府环境监管没有发挥出最佳效果（Li and Ramanathan，2018）。这对政府如何完善环境规制工具的设计以及切实发挥环境监管的积极作用，也有新启示。

5.6 本章小结

环境处罚作为企业披露负面环境信息的重要途径能否影响股价崩盘风险尚不清晰。此外，环境信息硬披露在环境处罚与股价崩盘风险关系中能否发挥调节作用也尚不清楚。本章就上述两个主要问题展开研究，研究结果表明：第一，环境处罚披露出的负面环境信息显著增加了未来股价崩盘风险的可能性。该结论在经过控制公司个体固体效应、Heckman 两阶段回归、PSM、系统 GMM 以及更换变量等稳健性检验后仍然成立；第二，环境信息硬披露可以有效缓解环境处罚对未来股价崩盘风险的促进作用；第三，进一步分析表明，环境处罚对未来股价崩盘风险的促进作用在媒体报道较少的公司、由非十大会计师事务所审计和被列入重点排污单位名单的企业中更为显著。

第6章

环境处罚对企业环境责任履行的影响研究

6.1 理论分析与研究假设

6.1.1 环境处罚对企业环境责任履行的影响

本章使用合法性理论和利益相关者理论来解释环境处罚对企业环境责任履行的影响。合法性理论是一个关于企业和社会系统定位的理论，源自政治经济学，它认为社会、政治和经济是不可分割的，离开了政治、社会和制度框架，经济问题就不能被有意义地研究（李朝芳，2010）。合法性理论认为，企业和社会是不可分割的，企业需要在“社会契约”下运作（Suchman，1995）。一般来说，企业必须符合社会价值体系和制度规范才能获得合法性。如果经营活动是不恰当的或不可接受的，企业生存就会受到威胁。因此，企业需要不断地合法化其各项活动以满足利益相关者的期望并获得和维持生存所需的合法性（Suchman，1995；Deegan，2002）。当企业在环境方面的表现不当或者企业受到环境处罚时，其合法性必然受到威胁，这就要求企业必须采取恰当的环保行动来重新获得合法性。尤其是在环境规制日益严格的背景下，企业恰当的环保行动显得尤为重要（Wu et al.，2021；Qin et al.，2019；Zhong et al.，2022）。哈比卜和布惠扬（2017）指出，企业因不当环境行为而受到环境处罚后，可以增加后续企业社会责任活动的投资。此外，利益相关者也越来越关注环境处罚给企业带来的合法性威胁（Zou et al.，2015）。因此，为了获得生存所需的环境合法性，当企业受到环境处罚后，企业必然要采取实质性环保行动来满足环境规制的要求，而积极履行环境责任恰恰是企业满足环境规制要求并获得合法性的有效手段（Tsendsuren et al.，2021）。

利益相关者理论认为，利益相关者（包括员工、供应商、客户、媒体、环保NGO、政府和社区公民等）均会影响企业的生存和发展（Freeman，1984）。企业核心竞争优势的构建来源于企业的各利益相关者。因此，企业必须采取措施来满足利益相关者的要求，并与利益相关者保持良好的关系。当企业能够协调好与各方利益相关者之间的关系时，有利于企业获得更多的竞争优势（Sarkis et al.，2010；Wagner and Schaltegger，2004）。当前，利益相关者对环境问题的关注度越来越高（Zhong et al.，2022；Camilleri，2022；González-Benito and González-Benito，2006）。在这些利益相关者中，政府是最主要的利益相关者之一，政府往往通过施加强制性压力来要求企业积极履行环境责任（Zhu and Sarkis，2007；Choi et al.，2021）。刘等（Liu et al.，2010）研究发现，政府可以对企业的环境行为产生重大影响。当政府对企业进行环境处罚，则表明该企业已经违反了既定环境规制的要求，而且也不符合利益相关者的期望（Xiong et al.，2021）。作为回应，企业必须通过适当的环境行动来满足利益相关者期望，维持与利益相关者之间的良好关系，确保竞争优势不受损（Qin et al.，2019）。因此，通过环境处罚可以促使企业积极履行环境责任。相关研究结论也证实，政府作为重要的利益相关者，在改善企业环境行为方面有积极影响。韩等（Han et al.，2021）发现，环境规制强度与企业环境责任履行显著正相关。拉曼纳坦等也发现，由于企业出于对环境处罚的恐惧会显著改善企业的环境绩效。秦等（Qin et al.，2019）也证实了中国企业的环境责任履行主要是靠政府的强制力来推动。

已有研究也表明，环境处罚会导致企业的股票价格和市场价值的下降并造成声誉损失（Xu et al.，2016；Lin et al.，2016；Xiong et al.，2021）。因此，企业往往会通过改善其环境责任的履行情况来避免进一步的经济损失并恢复其声誉。此外，相关研究也表明，环境处罚具有较强的威慑效应（Haque，2018）。王等（Wang et al.，2019）研究证实，对目标企业实施的环境处罚可以对行业内其他企业产生威慑效应并增加行业内企业整体环保投资。据此，由于威慑效应的存在，受到环境处罚的企业也有较强的动机来改善其环境责任履行情况，避免再次受到惩罚。

根据合法性理论和利益相关者理论，随着企业受到环境处罚的数量越来越多，企业也会面临更多的政府规制压力以及合法性威胁（Shevchenko，2021）。随着企业受到环境处罚频次的增加，不仅会给企业带来巨大的经济损失，包括直接罚款、股票回报率下降、声誉损失以及其他间接损失等，还会对企业产生较大的威慑效应。因此，由于环境违法行为而受到多次处罚的企业未来再次受到环境处罚的可能性也更高（Harrington，1988）。结合上述因素，当企业受到环境处罚后，企业会有很强的经济动机去积极履行环境责任，从而避免未来受到更多的环境处罚。据此，提出本章第一个假设：

H6－1：环境处罚会促使企业后续的环境责任履行更加积极。

6.1.2　媒体报道的调节作用

现代社会，人们可以借助报纸、电视、广播、网络等媒体形式来获得他们所需要的信息，媒体已成为公众获取信息和知识的重要平台（Luo et al.，2022；Kölbel et al.，2017）。同时，信息技术和移动互联网的快速发展也使得社会公众通过媒体渠道来获取信息变得更加容易。鉴于媒体报道在创造和传播信息方面发挥着越来越重要的作用，媒体已经成为企业和利益相关者之间沟通的重要中介平台，并成为人们日常生活中密不可分的组成部分（An et al.，2020）。一般而言，新闻媒体可以一直以独立监督者的身份存在，它们是推动企业社会责任履行的重要外部压力之一，当企业积极履行社会责任时，会得到大力宣扬和褒奖；但当企业违反环境法规时，也会被媒体广泛报道，进一步影响违规企业和行业内其他企业的后续环保行动，因此，媒体发挥着非常重要的舆论监督功能。

根据迎合理论，媒体倾向于报道符合读者偏好的新闻（Cahan et al.，2015；Mullainathan and Shleifer，2005）。此外，相较于正面信息而言，负面信息往往对读者更具有吸引力，使得媒体也偏好报道更多的负面新闻（Kölbel et al.，2017）。因此，与其他未违规企业相比，当企业出现环境违规行为时，企业更有可能被媒体大量报道（Abebe and Acharya，2022）。当企业因环境违规而受到较多的媒体报道后，进一步会对企业的环境行为产生积极影响（Luo et al.，2022；Shipilov et al.，2019；Zyglidopoulos et al.，2012）。王和张（Wang and Zhang，2021）研究发现，媒体作为重要的利益相关者，在约束企业行为方面发挥着重要作用。徐莉萍等（2011）的研究也证实，媒体关注可以显著影响企业社会责任的履行，尤其是对增加企业的慈善捐赠行为有显著影响。此外，合法性理论和利益相关者理论也表明，由于环境处罚引起的媒体报道可以放大环境违规对企业合法性的威胁，也会提高利益相关者对企业环境责任履行的期望，从而倒逼企业采取恰当的环保行动来作为响应。因此，与受到媒体报道较少的公司相比，获得更多媒体报道的公司更有可能更积极地履行环境责任，媒体报道可以正向调节环境处罚与企业环境责任履行的关系。邹等（Zou et al.，2017）的研究也证实，媒体报道可以强化环境处罚对企业贷款融资的负面影响。综上，基于迎合理论、利益相关者理论和合法性理论，媒体报道会强化环境处罚对企业后续环境责任履行的积极影响。因此，提出本章第二个假设：

H6－2：媒体报道可以正向调节环境处罚对企业环境责任履行的积极影响。

6.1.3 政治关联的调节作用

政治关联是企业与政府之间建立的一种特殊关系，是企业所拥有的宝贵资源（Faccio et al.，2006；Xue et al.，2022）。一般来说，如果企业能够与政府建立起密切的合作联系，则有利于企业获得更多的宝贵资源和政府补助（Zhang，2017），例如，有政治关联的企业往往会获得更多的外部救助

(Faccio et al., 2006)，更多政府投资（Duchin and Sosyura，2012），比其他公司更低的税率（Adhikari et al., 2006），降低企业因环境违规而受到的罚款金额、处罚次数和处罚严厉程度（罗喜英和刘伟，2019）。因此，企业是否与政府建立起良好的合作关系会显著影响企业的战略决策（Faccio et al., 2006）。

当企业因环境问题受到处罚时，没有政治关联的企业不能轻易获得政府的庇护。因此，依托合法性理论和利益相关者理论，企业在受到环境处罚后必须积极履行环境责任来满足利益相关者期望，同时获得生存所需的合法性(Zhong et al., 2022；Liu et al., 2010)。相反，由于地方政府在环境监管方面拥有一些自由裁量权，有政治关联的企业往往受到惩罚的程度也较轻(Zou et al., 2015；罗喜英和刘伟，2019；Faccio et al., 2006)。因此，政治关联可以在一定程度上庇护环境违规企业，即使其出现环境违规行为也不用担心因处罚所引发的负面后果（Muttakin et al., 2018)。韩等（Han et al., 2021）研究发现，政治关联会削弱环境规制在促进非国有企业社会责任履行方面的积极作用。综上，当企业存在环境违规行为时，政治关联可能会削弱环境处罚对企业环境责任履行的积极影响。因此，提出本章第三个假设：

H6－3：政治关联会负向调节环境处罚对企业环境责任履行的积极影响。

6.1.4　行业竞争的调节作用

行业竞争是影响企业经营决策的重要外部环境影响因素。由于行业间的固有差异，不同行业所面临的竞争强度也不同（Han et al., 2021)。当企业所处的行业竞争较为激烈时，为了能够在竞争中脱颖而出，得到投资者和其他利益相关者的青睐，企业通常会采取一系列环保行动来向市场传递自己环境表现良好的信号，从而将自己与其他企业区别开来。因此，行业竞争强度会影响企业的环境行为以及进一步影响环境处罚与企业环境责任履行之间的关系（Meng et al., 2016；谭雪，2017)。

以合法性理论和利益相关者理论为基础，在竞争程度大的行业中，企业更倾向于积极履行环境责任。尤其是在环保意识日益提高和环境规制压力日益增加的背景下，企业更需要通过积极履行环境责任来获得生存所需的合法性并满足利益相关者期望（Qin et al.，2019；González-Benito and González-Benito，2006）。与处于低竞争程度行业的企业相比，处于高度竞争行业的企业自然更注重建立自身竞争优势。而企业环境责任又可以被视为战略工具，通过较好地履行环境责任可以为企业带来财务资源和竞争优势（Tsendsuren et al.，2021；Camilleri，2022；Meng et al.，2016；Pucheta-Martínez and Chiva-Ortells，2018）。已有研究也表明，积极履行环境责任可以帮助企业建立良好的声誉、营造正面的企业形象、吸引青睐绿色产品的消费者，从而帮助企业建立竞争优势、提高盈利能力。费尔南德斯－克兰兹和桑塔洛（Fernández-Kranz and Santaló，2010）研究发现，处于行业竞争程度高的企业比处于行业竞争程度小的企业有更好的企业社会责任表现。谭雪（2017）的研究也证实，企业所处行业竞争程度越高越能推动企业披露社会责任信息。因此，在竞争更激烈的行业中，企业更有动力通过履行环境责任来巩固其竞争优势。

根据上述逻辑，在竞争激烈的行业中因违反环境规制而受到处罚的企业也更有可能积极履行环境责任。韩等（Han et al.，2021）发现，在高度竞争的行业中，环境规制对企业环境责任履行的促进作用更为显著。因此，行业竞争强度可以正向调节环境处罚对企业环境责任的影响。基于上述讨论，提出本章第四个假设：

H6－4：行业竞争程度可以正向调节环境处罚对企业环境责任履行的积极影响。

6.2 研究设计

6.2.1 样本选择与数据来源

考虑到重污染企业是环境污染物的主要来源，更容易受到环境处罚，本章仍旧选择 A 股重污染企业作为研究样本。根据 2012 年发布的《上市公司环保核查行业分类管理名录》和《上市公司环境信息披露指引》，选取 16 个重污染行业上市公司作为研究样本。为了避免异常财务状况的影响，进一步剔除 ST、*ST、PT 样本以及相关变量数据缺失的样本。本章仍旧选择 2014 ~ 2020 年作为研究期间。经过上述筛选程序，最终样本包括 4 601 个公司 – 年度观测值。

本章依旧从多个数据库收集研究所需数据。与企业环境责任有关的数据通过使用内容分析法从企业的年度财务报告、社会责任报告、ESG 报告和可持续发展报告中手工收集获得。环境处罚数据来自公众环境研究中心。媒体报道的数据来源于 CNRDS 数据库，其余数据来源于 CSMAR 数据库。为了消除异常值的影响，本章对所有连续型变量进行 1% 水平缩尾处理。

6.2.2　变量定义

6.2.2.1　被解释变量

目前针对企业环境责任履行的衡量并不统一，学者们已采用多种方法进行衡量。一种被广泛采用的方法是使用第三方评级机构提供的环境责任数据，这些权威机构包括 ASSET4（Gangi et al.，2020；Graafland，2019）、KLD（Zyglidopoulos et al.，2012；Al-Shammari et al.，2019；Chen et al.，2019；Kim and Statman，2012）、Bloomberg ESG（Xie et al.，2019）以及和讯网（Xue et al.，2022；Zhong et al.，2019）。另一种常见的方法是采用内容分析法，通过收集企业社会责任报告、可持续发展报告、ESG 报告以及年度财务报告中披露的环境责任信息来衡量企业环境责任情况（Shah et al.，2021；Wang et al.，2021；Wu et al.，2020；Xu et al.，2020）。也有一些研究使用问卷调查的结果来衡量企业环境责任履行水平（Gao et al.，2019；Lee et al.，2018；Walker and Mercado，2015）。少数研究也使用其他指标来衡量，包括企业是否拥有 ISO 14000 或 ISO 14001 环境证书（Wahba，2008）、企业环保投资规模（Jiang et al.，2021）、企业环保补贴的比例（Peng et al.，2021）和企业环境绩效水平（Shih et al.，2021）。

由于和讯网是从2010年才开始提供企业社会责任评级结果数据，而且2018年以后，和讯网给所有企业环境责任维度的评分均为0分（Zhong et al.，2019；Zhao et al.，2022）。因此，考虑到数据的可靠性，本章未使用和讯网提供的企业环境责任维度数据。为了衡量企业环境责任的整体履行情况，本章借鉴武等（Wu et al.，2020）、徐等（Xu et al.，2020）和张（Zhang，2017）的研究，通过手工收集企业社会责任报告、可持续发展报告、ESG报告和年度财务报告中披露的环境责任信息，并使用内容分析法来测度企业环境责任履行情况。具体来说，本章从环境治理、环境监督和环境管理三个维度来评价企业环境责任的履行情况（Qin et al.，2019），每个维度又包含若干个具体评价指标，指标具体构成如表6－1所示。对于环境治理维度的衡量，如果企业开展了具体且详细的环境治理活动，同时也定量地披露了这些环境治理活动所耗费金额及其他信息，则该指标取值为2；如果企业仅开展了简单的环境治理活动，同时企业也仅披露了相关活动的定性信息，则该指标取值为1；如果企业未开展相关环境治理活动，则该指标取值为0（Xu et al.，2020）。环境监督和环境管理维度的衡量方面，每个指标均采取哑变量来衡量，如果企业开展了此类环境活动，则取1，否则取0。每一个指标的具体衡量标准也可以参见表6－1。企业环境责任最后得分是每个指标的得分之和，得分越高，表示企业环境责任履行情况越好。

表6－1　　企业环境责任评分标准

维度	指标	计分标准
环境治理责任	是否进行废气减排和处理	否取0；是且披露定性信息取1；是且披露定量信息取2
	是否进行废水减排和处理	
	是否进行烟尘减排和处理	
	是否进行固体废物的循环利用和处理	
	是否处理来自噪声、光和辐射的污染	
	是否实施清洁生产	

续表

维度	指标	计分标准
环境监督责任	是否为国家重点监管单位	否取1；是取0[①]
	是否有重大环境污染事件	
	是否有环保请愿事件	
	是否符合污染物排放标准	是取1；否取0
	是否通过ISO 14001认证	
	是否通过ISO 9001认证	
环境管理责任	企业的相关文件是否包括环境保护、环境政策、环境管理组织、循环经济发展模式、绿色发展等相关内容	是取1；否取0
	是否披露过去环境方面的成就并明确了未来的环境目标	
	是否制定了一系列与环境管理体系相关的规章制度	
	是否对员工进行环境保护方面的教育和培训	
	是否参与公益活动，特别是环境保护活动	
	是否建立了重大环境事件应急机制	
	是否获得环境保护相关奖项	
	是否执行“三同时”制度	

注：该维度指标均为负面事件，为避免负面事件增加企业环境责任评分，否取1、是取0。

为了确保根据企业披露的环境责任信息来衡量企业环境责任履行水平的准确性，在具体得分的计算过程中分别安排两组研究助理以独立的方式进行，对每个指标分别进行评分。如果存在评分不一致的情况，由第三组研究助理进行复核并给出最终的分数。

6.2.2.2　解释变量

与企业环境责任履行的衡量不同，对环境处罚的衡量在已有文献中比较一致的。借鉴谢夫琴科（2021）和阿比和阿查里亚（Abebe and Acharya，2022）的研究，本章构建两个指标，包括Penalty和Penalty_count，作为环境处罚的代理变量。是否受到环境处罚（Penalty）为哑变量，如果公司及其附属公司在该年度因环境违规行为受到处罚，则取值为1，否则为0。

处罚频次（Penalty_count）为一年内公司及其附属公司所受到的环境处罚总次数。

6.2.2.3 调节变量

①媒体关注（Media）。传统研究大多使用出现在纸质媒体上的新闻报道数量来衡量媒体关注程度（Du et al.，2016）。但由于移动互联网技术的普及，人们更倾向于使用网络媒体而不单单是纸质媒体来收集信息（Cheng and Liu，2018）。为了全面衡量媒体关注程度，本章采用一年内出现在纸质媒体和网络媒体上的新闻报道总数来衡量媒体关注程度。为了进一步解决媒体关注数据右偏问题，借鉴杜等（Du et al.，2016）和高等（Gao et al.，2021）的方法，对该指标进一步做加1取对数处理。

②政治关联（PC）。政治关联是指公司的CEO或董事长是现任或前任政府官员，包括在县级或以上政府机构、人大代表、政协或军队等部门任职。借鉴张（Zhang，2017）和黄等（Huang et al.，2021）的研究，本章构建虚拟变量PC来衡量政治关联。如果公司的董事长或CEO是现任或前任政府官员，则PC的值为1，否则为0。

③行业竞争程度（HHI）。借鉴韩等（Han et al.，2021）的研究，本章使用赫芬达尔－赫斯曼指数（HHI）来衡量行业竞争程度。HHI等于每个公司的销售额占同行业总销售额百分比的平方和（Quan et al.，2023）。HHI值越高，表明行业垄断程度越高，行业竞争程度越小。

④控制变量。参考韩等（Han et al.，2019），韩等（2021），王等（Wang et al.，2021）以及茨恩苏伦等（Tsendsuren et al.，2021）的研究，本章控制了一系列可能影响企业环境责任履行的变量，包括公司规模（Asset）、资产负债率（Lev）、公司年龄（Estage）、成长性（Growth）、资产收益率（ROA）、董事会规模（Board）、董事会独立性（Independent）、股权制衡（Balance）、第一大股东持股比例（TOP1）、两职合一（Dual）、现金流量（Cashflow）和代理成本（Cost）。此外，本章也控制了年份和行业固定效应。变量具体衡量方式如表6－2所示。

表6-2　　　　　　　　　　　　变量定义

变量类型	变量名称	符号	衡量方式
被解释变量	企业环境责任	CER	使用上面所述内容分析法来衡量
解释变量	是否受到环境处罚	Penalty	虚拟变量，公司及其关联公司是否受到环境处罚，是则取1，否则取0
	环境处罚频次	Penalty_count	公司及其关联公司在某一年度受到环境处罚的总次数
调节变量	媒体关注	Media	ln(1+年度媒体新闻报道的总数)
	政治关联	PC	虚拟变量，如果公司的董事长或CEO是现任或前任政府官员，是则取1，否则取0
	行业竞争程度	HHI	每个公司销售额占同行业总销售额百分比的平方和
控制变量	公司规模	Asset	ln(总资产)
	资产负债率	Lev	总负债/总资产
	企业年龄	EstAge	ln(公司成立年数)
	成长性	Growth	主营业务收入增长率
	资产收益率	ROA	净利润/总资产
	董事会规模	Board	董事会的总人数
	董事会独立性	Independent	独立董事在董事会中的比例
	股权制衡	Balance	第一大股东持股比例/第二大股东持股比例
	第一大股东持股比例	Top1	第一大股东持股数/总股数
	两职合一	Dual	虚拟变量，CEO兼任董事长时取1，否则取0
	经营性现金流水平	Cashflow	经营活动产生的净现金流/总资产
	代理成本	Cost	管理费用/营业收入

6.2.3　模型设计

为了检验环境处罚对企业后续环境责任履行的影响，本章构建模型（6-1）如下：

$$CER_{i,t+1} = \beta_0 + \beta_1 Penalty_{i,t} + \sum_{j=1}^{k} \beta_j Controls_{i,t} + \eta_j + \gamma_t + \varepsilon_{it} \quad (6-1a)$$

$$CER_{i,t+1} = \beta_0 + \beta_1 Penalty\_count_{i,t} + \sum_{j=1}^{k} \beta_j Controls_{i,t} + \eta_j + \gamma_t + \varepsilon_{it} \quad (6-1b)$$

其中，i 和 t 分别表示企业和年份。$CER_{i,t+1}$指企业 i 在 t + 1 年履行企业环境责任的情况。考虑到环境处罚对企业环境责任的影响可能存在滞后效应，本章将解释变量和控制变量均滞后 1 期。这也能在一定程度上缓解环境处罚与企业环境责任履行之间的内生性问题（Han et al.，2021；Wang et al.，2021）。η_j 和 γ_t 分别表示行业和年份固定效应，ε_{it}为随机扰动项。

为了进一步检验调节效应，本章在模型（6 - 1a）和模型（6 - 1b）的基础上构建模型（6 - 2a）和模型（6 - 2b）。分别将调节变量（媒体关注、政治关联和行业竞争程度）以及解释变量和调节变量的交乘项加入回归模型。为了避免多重共线性问题，交乘项在加入回归模型前均进行去中心化处理，即：

$$CER_{i,t+1} = \beta_0 + \beta_1 Penalty_{i,t} + \beta_2 Moderator_{i,t} + \beta_3 Penalty_{i,t} \times Moderator_{i,t} + \sum_{j=1}^{k} \beta_j Controls_{i,t} + \eta_j + \gamma_t + \varepsilon_{it} \quad (6-2a)$$

$$CER_{i,t+1} = \beta_0 + \beta_1 Penalty\_count_{i,t} + \beta_2 Moderator_{i,t} + \beta_3 Penalty\_count_{i,t} \times Moderator_{i,t} + \sum_{j=1}^{k} \beta_j Controls_{i,t} + \eta_j + \gamma_t + \varepsilon_{it} \quad (6-2b)$$

6.3 实证结果

6.3.1 描述性统计

全部变量的描述性统计结果如表 6 - 3 所示。企业环境责任（CER）的均值和标准差分别为 9.268 和 4.699，说明不同企业在环境责任履行方面存在较大差异。是否受到环境处罚（Penalty）的平均值为 0.238，表明样本中有 23.8% 的企业因环境违法行为而受到处罚。环境处罚频次（Penalty_count）的最小值为 0，最大值为 33，意味着有企业在一年内累计受到 33 次环境处罚，且标准差为 4.635，表明企业在受到环境处罚的数量上也存在较大差异。媒体关注（Media）的平均值为 5.425，与中位数接近。政治关联（PC）的平均值为 0.322，表明样本中有 32.2% 的企业存在政治关联。

表6-3　描述性统计结果

Variable	N	Mean	SD	Median	Min	Max
CER	4 601	9.268	4.699	8	3	23
Penalty	4 601	0.238	0.426	0	0	1
Penalty_count	4 601	1.554	4.635	0	0	33
Media	4 601	5.425	0.947	5.394	2.944	8.241
PC	4 601	0.322	0.467	0	0	1
HHI	4 601	0.098	0.094	0.078	0.022	1
Asset	4 601	22.32	1.306	22.11	19.95	26.37
LEV	4 601	0.398	0.198	0.384	0.0420	0.952
EstAge	4 601	2.927	0.277	2.956	2.041	3.527
Growth	4 601	13.29	27.35	9.639	-51.97	201.1
ROA	4 601	4.646	5.415	4.040	-19.68	21.65
Cashflow	4 601	0.061	0.064	0.060	-0.137	0.260
Cost	4 601	0.080	0.053	0.070	0.007	0.427
Board	4 601	8.691	1.730	9	5	15
Independent	4 601	0.373	0.0510	0.333	0.286	0.571
Balance	4 601	9.362	15.66	3.857	1.004	151.1
Top1	4 601	35.40	14.60	33.55	8.448	79.04
Dual	4 601	0.251	0.434	0	0	1

6.3.2　单变量分析

本章也进一步进行单变量检验，比较主要变量之间的平均值和中位数是否存在显著差异。首先，根据企业是否受到环境处罚将全部样本分为两组，即未受到环境处罚（Penalty=0）和受到环境处罚（Penalty=1）两组。单变量检验结果如表6-4所示。受到环境处罚企业的环境责任得分（CER）均值和中位数均显著高于未受环境处罚企业，说明企业受到环境处罚后会有更大的动力去履行环境责任。在媒体关注方面，受到环境处罚企业的媒体关注（Media）均值和中位数也都显著高于未受到环境处罚企业，表明企业受到处罚后面临更多的媒体压力，同时，媒体也偏好报道企业的负面新闻。

表 6 - 4　　　　根据是否受到环境处罚划分的单变量检验结果

Variable	Penalty = 0			Penalty = 1			Mean Difference	Chi^2
	N	Mean	Median	N	Mean	Median		
CER	3 505	8.640	8.000	1 096	11.274	11.000	-2.633***	159.590***
Media	3 505	4.464	4.564	1 096	4.726	4.852	-0.263***	48.207***

注：*** 表示在 1% 水平上显著。

进一步根据媒体关注的年度中位数将全部样本分为媒体关注较多和媒体关注较少两组。单变量检验结果如表 6 - 5 所示。受到较多媒体关注的企业在是否受到环境处罚（Penalty）和环境处罚频次（Penalty_count）方面，其均值和中位数都显著高于受到较少媒体关注的企业。此外，媒体关注数量多的企业，其环境责任（CER）履行情况也明显高于媒体关注数量低的企业。

表 6 - 5　　　　根据媒体关注划分的单变量检验结果

Variable	Low media coverage			High media coverage			Mean Difference	Chi^2
	N	Mean	Median	N	Mean	Median		
CER	2 309	8.680	8	2 292	9.860	9	-1.180***	37.741***
Penalty	2 309	0.196	0	2 292	0.281	0	-0.085***	46.035***
Penalty_count	2 309	0.969	0	2 292	2.143	0	-1.174***	46.035***

注：*** 表示在 1% 水平上显著。

本章也将全部样本按企业是否拥有政治关联进行划分，PC = 0 为无政治关联组，PC = 1 为有政治关联组。单变量检验结果如表 6 - 6 所示。与拥有政治关联的企业相比，没有政治关联的企业受到更多的环境处罚，同时也能更好地履行企业环境责任。

表 6 - 6　　　　根据政治关联划分的单变量检验结果

Variable	PC = 0			PC = 1			Mean Difference	Chi^2
	N	Mean	Median	N	Mean	Median		
CER	3 119	9.298	8	1 482	9.202	8	0.096	0.006
Penalty	3 119	0.270	0	1 482	0.171	0	0.099***	53.789***
Penalty_count	3 119	1.703	0	1 482	1.239	0	0.465***	53.789***

注：*** 表示在 1% 水平上显著。

最后，本章根据行业竞争程度（HHI）的年度中位数将全部样本分为行业竞争程度低和行业竞争程度高的两组，检验结果如表5－7所示。与处于高竞争行业的企业相比，处于低竞争行业中的企业受到了更多的环境处罚，同时其也能更好地履行了企业环境责任。

表6－7　　根据行业竞争程度划分的单变量检验结果

Variable	High industry competition			Low industry competition			Mean Difference	Chi^2
	N	Mean	Median	N	Mean	Median		
CER	2 351	8. 841	8	2 250	9. 713	9	－0. 872 ***	6. 033 **
Penalty	2 351	0. 186	0	2 250	0. 292	0	－0. 106 ***	71. 376 ***
Penalty_count	2 351	0. 866	0	2 250	2. 272	0	－1. 406 ***	71. 376 ***

注：*** 、** 分别表示在1%、5%水平上显著。

6.3.3 相关性分析

限于篇幅，表6－8中只列示了主要变量的相关系数检验结果。是否受到环境处罚（Penalty）和环境处罚频次（Penalty_count）与企业环境责任（CER）均显著正相关。此外，是否受到环境处罚（Penalty）和媒体关注（Media）以及环境处罚频次（Penalty_count）和媒体关注（Media）之间的相关系数均为正，且在1%水平上显著；媒体关注（Media）和企业环境责任（CER）之间也为显著正相关关系。是否受到环境处罚（Penalty）和环境处罚频次（Penalty_count）与政治关联（PC）呈负相关关系，与行业竞争程度（HHI）呈正相关关系。

表6－8　　主要变量相关系数

Variable	CER	Penalty	Penalty_count	Media	PC	HHI
CER	1					
Penalty	0. 239 ***	1				
Penalty_count	0. 224 ***	0. 600 ***	1			

续表

Variable	CER	Penalty	Penalty_count	Media	PC	HHI
Media	0.075 ***	0.108 ***	0.141 ***	1		
PC	-0.010	-0.108 ***	-0.047 ***	0.050 ***	1	
HHI	0.068 ***	0.136 ***	0.184 ***	0.062 ***	-0.042 ***	1

注：*** 表示在1%水平上显著。

6.3.4 基准回归结果

6.3.4.1 环境处罚对企业环境责任的影响

在开展回归之前，本章首先进行多重共线性检验。结果表明，方差膨胀因子（VIF）的最高值和均值都小于10，说明本章回归不存在多重共线性问题（Mason and Perreault，1991）。

表6-9列示了环境处罚影响企业后续环境责任履行的回归结果。是否受到环境处罚（Penalty）对企业环境责任履行（CER_{t+1}）的影响显著为正（$\beta=0.806$，$p<0.01$），说明受到环境处罚会使企业改善其后续的环境责任履行情况。类似地，环境处罚频次（Penalty_count）和企业环境责任（CER_{t+1}）之间的系数也显著为正（$\beta=0.055$，$p<0.01$），表明环境处罚频次与后续企业环境责任的履行也显著正相关。综合两部分研究结果可以得到，企业在一年内受到一次或者多次环境处罚均可以使企业改善后续的环境责任履行情况。因此，H6-1得到支持。

表6-9　　　　基准回归结果

Variable	(1)	(2)
	CER_{t+1}	CER_{t+1}
Penalty	0.806 *** (4.493)	
Penalty_count		0.055 *** (3.461)

续表

Variable	(1)	(2)
	CER_{t+1}	CER_{t+1}
Asset	1.210 *** (17.984)	1.226 *** (17.817)
LEV	-0.358 (-0.846)	-0.293 (-0.691)
EstAge	-0.274 (-1.188)	-0.138 (-0.602)
Growth	-0.007 *** (-2.788)	-0.007 *** (-2.906)
ROA	0.011 (0.654)	0.011 (0.666)
Cashflow	5.202 *** (4.554)	5.269 *** (4.622)
Cost	-4.028 *** (-3.451)	-4.111 *** (-3.508)
Board	0.257 *** (5.390)	0.256 *** (5.364)
Independent	0.548 (0.399)	0.507 (0.368)
Balance	0.012 ** (2.328)	0.013 ** (2.546)
Top1	0.001 (0.290)	0.001 (0.234)
Dual	-0.151 (-1.057)	-0.170 (-1.192)
_cons	-19.987 *** (-11.723)	-20.623 *** (-11.974)
Industry FE	Yes	Yes
Year FE	Yes	Yes
N	4 601	4 601
Adj. R^2	0.216	0.215

注：***、**、*分别表示在1%、5%、10%水平上显著；括号内数据为t值。

6.3.4.2 媒体关注的调节作用

媒体关注对环境处罚和企业环境责任履行之间关系调节作用的回归结果如表6-10所示。在第（1）列中，是否受到环境处罚（Penalty）（$\beta = 0.726$，$p < 0.01$）和媒体关注（Media）（$\beta = 0.180$，$p < 0.05$）的结果一致，均对企业环境责任（CER_{t+1}）有显著正向影响，交乘项（Penalty × Media）的系数也显著为正（$\beta = 0.617$，$p < 0.01$）。第（2）列也呈现出类似结果，交乘项（Penalty_count × Meida）的系数显著为正（$\beta = 0.041$，$p < 0.01$）。上述结果表明，当企业受到更多媒体关注时，环境处罚对企业后续环境责任履行的正向影响更加显著。图6-1和图6-2列示了媒体关注的调节作用。据此可以得出结论——媒体关注强化了环境处罚对企业后续环境责任履行的正向影响，H6-2得到支持。

表6-10　调节效应回归结果

Variable	(1)	(2)	(3)	(4)	(5)	(6)
	CER_{t+1}	CER_{t+1}	CER_{t+1}	CER_{t+1}	CER_{t+1}	CER_{t+1}
Penalty	0.726*** (4.061)		0.756*** (4.210)		0.924*** (5.054)	
Penalty_count		0.028 (1.606)		0.055*** (3.469)		0.054*** (3.338)
Media	0.180** (2.577)	0.183*** (2.627)				
Penalty × Media	0.617*** (4.326)					
Penalty_count × Meida		0.041*** (3.517)				
PC			0.337** (2.497)	0.329** (2.453)		
Penalty × PC			-1.279*** (-3.715)			
Penalty_count × PC				-0.066** (-2.331)		

续表

Variable	(1)	(2)	(3)	(4)	(5)	(6)
	CER_{t+1}	CER_{t+1}	CER_{t+1}	CER_{t+1}	CER_{t+1}	CER_{t+1}
HHI					−2.438*** (−2.777)	−1.648* (−1.774)
Penalty × HHI					4.946*** (3.448)	
Penalty_count × HHI						0.100 (0.947)
Control variables	Yes	Yes	Yes	Yes	Yes	Yes
Industry FE	Yes	Yes	Yes	Yes	Yes	Yes
Year FE	Yes	Yes	Yes	Yes	Yes	Yes
N	4 601	4 601	4 601	4 601	4 601	4 601
Adj. R^2	0.221	0.217	0.220	0.216	0.219	0.215

注：***、**、*分别表示在 1%、5%、10% 水平上显著；括号内数据为 t 值。

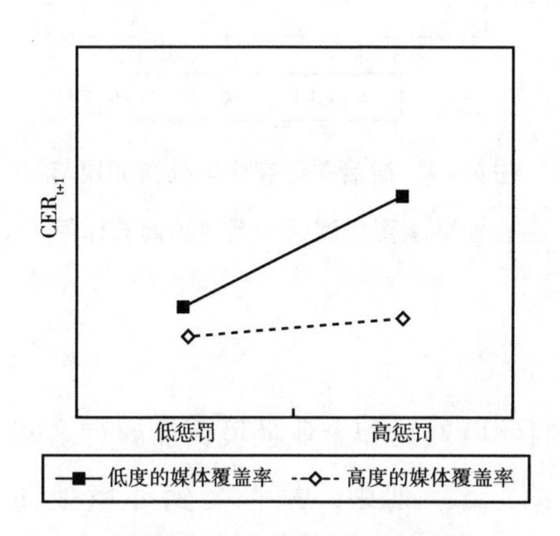

图 6－1　媒体关注在是否受到环境处罚与企业环境责任履行关系中的调节作用

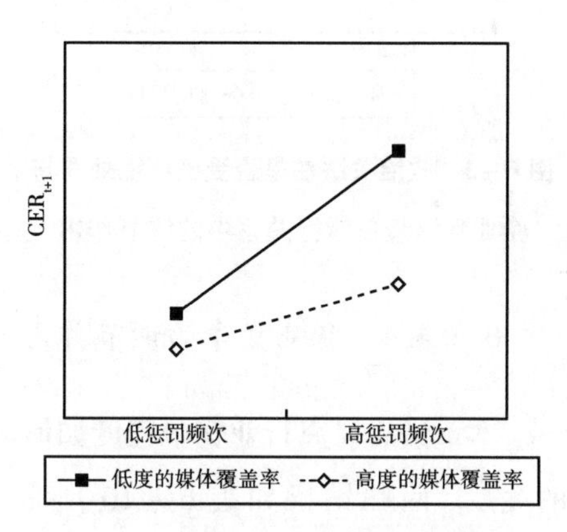

图 6－2　媒体关注在环境处罚频次与企业环境责任履行关系中的调节作用

6.3.4.3　政治关联的调节作用

本章进一步研究政治关联在环境处罚和企业环境责任履行关系中的调节作用。回归结果同样如表 6－10 所示。第（3）列显示，是否受到环境处罚（Penalty）（$\beta = 0.756$，$p < 0.01$）和政治关联（PC）（$\beta = 0.337$，$p < 0.05$）均

对企业后续环境责任履行（CER_{t+1}）有显著正向影响，而交乘项（Penalty × PC）对企业后续环境责任履行（CER_{t+1}）有显著负向影响（$\beta = -1.279$，$p < 0.01$）。第（4）列结果与之类似，交乘项（Penalty_count × PC）的系数显著为负（$\beta = -0.066$，$p < 0.05$）。结果表明，环境处罚对企业环境责任的正向影响会在没有政治关联的企业中更为显著。图 6－3 和图 6－4 列示了政治关联的调节作用。综上，环境处罚对企业后续环境责任履行的正向影响会被政治关联削弱，因此，该结论支持了 H6－3。

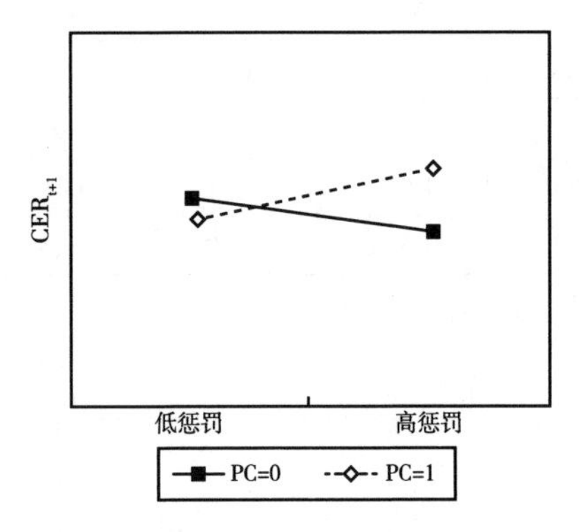

图 6－3　政治关联在是否受到环境处罚与企业环境责任履行关系中的调节作用

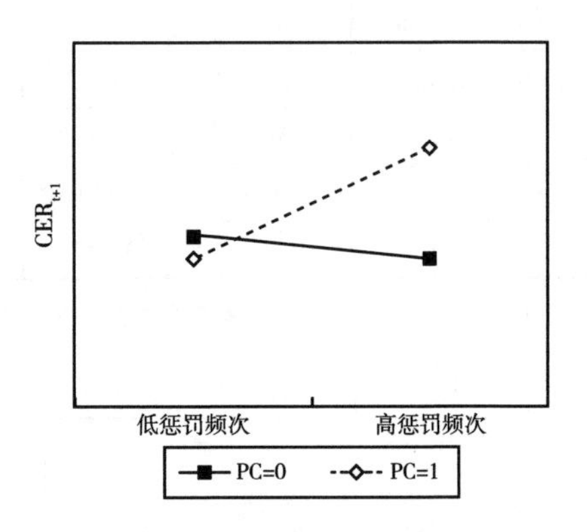

图 6－4　政治关联在环境处罚频次与企业环境责任履行关系中的调节作用

6.3.4.4　行业竞争的调节作用

本章最后研究行业竞争程度如何影响环境处罚和企业环境责任履行之间的关系。回归结果如表 6－10 所示。第（5）列中，是否受到环境处罚（Penalty）对企业后续环境责任履行（CER_{t+1}）有显著正向影响（$\beta = 0.924$，$p < 0.01$），行业竞争程度（HHI）对企业后续环境责任履行（CER_{t+1}）有显著负向影响（$\beta = -2.438$，$p < 0.01$），交乘项（Penalty × HHI）显著为正（$\beta = 4.946$，$p < 0.01$）。第（6）列的结果类似，但交乘项（Penalty_count × HHI）的系数为正且不显著（$\beta = 0.100$，p = n. s. ）。值得注意的是，HHI 值越高，说明行业竞争越小。根据回归结果可知，环境处罚对企业后续环境责任履行的正向影响在竞争较小的行业中更加明显。因此，行业竞争强度

会削弱环境处罚对企业后续环境责任履行的促进作用，H6-4没有得到支持。图6-5说明了行业竞争程度的调节作用。

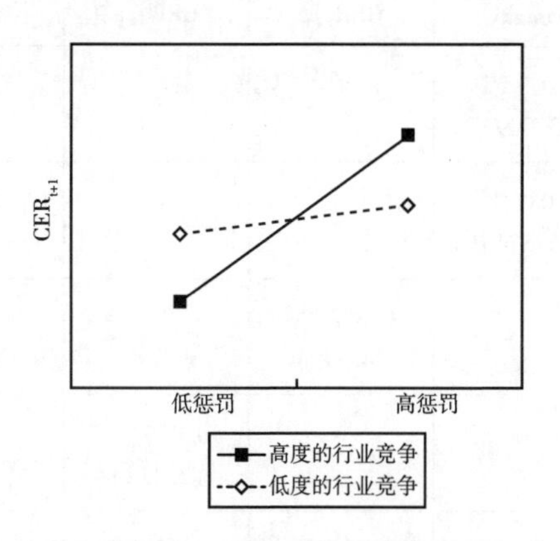

图6-5 行业竞争在是否受到环境处罚与环境责任履行关系中的调节作用

6.3.5 稳健性检验

为了确保研究结果的可靠性，本章进行了如下稳健性检验。

6.3.5.1 Heckman两阶段模型

为了缓解可能存在的样本选择偏差问题，本章首先采用Heckman两阶段模型来进行稳健性测试。第一阶段，借鉴全等（Quan et al.，2023）的研究，使用同行业环境处罚次数的年度均值（MeanPenalty1）和同省份环境处罚次数的年度均值（MeanPenalty2）作为工具变量，并将模型（6-1）中涉及的所有控制变量也纳入Probit模型，用来估计企业是否受到环境处罚的概率，并得到相应的逆米尔斯比率（IMR）。第二阶段，将第一阶段得到的IMR结果纳入主回归模型。表6-11中的第（2）列和第（3）列显示，由于IMR系数具有显著性，因此，本章的研究样本存在一定程度的选择性偏差，但本章得到的主要结论并未改变，即环境处罚对企业后续环境责任的履行有积极影响。

表 6-11　　　　内生性问题回归结果

Variable	(1)	(2)	(3)	(4)	(5)
	Penalty	CER_{t+1}	CER_{t+1}	CER_{t+1}	CER_{t+1}
MeanPenalty1	0.077*** (3.909)				
MeanPenalty2	0.087*** (5.574)				
Penalty		0.822*** (4.579)		0.938*** (3.676)	
Penalty_count			0.055*** (3.414)		0.072** (2.440)
IMR		1.197*** (2.593)	1.074** (2.320)		
Control variables	Yes	Yes	Yes	Yes	Yes
Industry FE	Yes	Yes	Yes	Yes	Yes
Year FE	Yes	Yes	Yes	Yes	Yes
N	4 601	4 601	4 601	1 169	1 169
Pseudo R^2/Adj. R^2	0.303	0.217	0.216	0.197	0.192

注：***、** 分别表示在 1%、5% 水平上显著；括号内数据为 t 值。

6.3.5.2 倾向性得分匹配法（PSM）

本章也使用倾向性得分匹配法（PSM）来解决可能存在的内生性问题。首先，以主回归中涉及的全部控制变量作为协变量，并采用 Logit 模型来估计企业受到环境处罚的倾向性得分；其次，在此基础上，使用最近邻匹配方法，根据倾向得分将每个实验组（Penalty = 1）与控制组（Penalty = 0）进行匹配，将匹配卡尺设为 0.01，并进行有放回匹配；最后，使用匹配后的样本再次进行回归，相应的结果如表 6-11 中的第（4）和第（5）列所示。由于匹配样本的限制，观测值的数量减少到 1 169 个，但回归结果仍然与基准回归结果一致，表明本章结论的稳健性。

6.3.5.3　更换环境处罚的衡量方式

如前所述，本章已构建是否受到环境处罚（Penalty）以及环境处罚频次（Penalty_count）两个变量来衡量环境处罚，进一步从环境处罚的强度来构建环境处罚的替代变量（Penalty_degree）。具体来看，IPE 披露了企业受到环境处罚的具体信息，根据企业及其关联公司受到的环境处罚类型并依据宁夏回族自治区以及吉林省两个地区的具体实践以及借鉴陈晓艳等（2021）的做法，根据企业受到的具体环境处罚手段来判断环境处罚的严重程度并给出不同分数，分值从1～12，最后的环境处罚强度得分为企业所受到的环境处罚及其对应的严重程度之和。企业得分越高，说明企业受到环境处罚的强度越高。根据表6－12第（1）列所列示结果，替换环境处罚衡量方式后的回归结果仍然与基准回归一致。

表6－12　　其他稳健性检验结果

Variable	替换解释变量的衡量方式		替换被解释变量的衡量方式		有序 Logit 模型
	(1)	(2)	(3)	(4)	(5)
	CER_{t+1}	Ind_CER_{t+1}	Ind_CER_{t+1}	CER_{t+1}	CER_{t+1}
Penalty_degree	0.022*** (2.853)				
Penalty		0.559*** (3.164)		0.365*** (4.890)	
Penalty_count			0.040** (2.559)		0.026*** (4.164)
Control variables	Yes	Yes	Yes	Yes	Yes
Industry FE	Yes	Yes	Yes	Yes	Yes
Year FE	Yes	Yes	Yes	Yes	Yes
N	4 601	4 601	4 601	4 601	4 601
Adj. R^2/Pseudo R^2	0.214	0.120	0.119	0.043	0.042

注：***、** 分别表示在1%、5%水平上显著；括号内数据为t值。

6.3.5.4 替换企业环境责任的衡量方法

尽管本章选择重污染行业上市企业作为研究样本，但不同重污染行业对环境处罚的反应也可能有所不同（Radhouane et al.，2020）。因此，考虑行业内部差异对企业环境责任履行的影响，参考王等（Wang et al.，2021）的研究，使用经行业调整后的企业环境责任履行（Ind_CER）作为企业环境责任的替代变量。具体来说，通过计算不同行业企业环境责任得分的年度均值，并用企业实际环境责任得分（CER）减去该行业环境责任得分的年度均值得到经行业调整后的企业环境责任得分（Ind_CER）。将 Ind_CER 作为新的被解释变量，再次进行回归。根据表 6 - 12 中第（2）列和第（3）列的回归结果，更换被解释变量衡量方式后的结果与基准回归结果也保持一致。

6.3.5.5 有序 Logit 模型

考虑到被解释变量企业环境责任（CER）是一个取值范围从 3 ~ 23 的离散有序变量，除了采用普通最小二乘法进行回归外，参考卡贝萨 - 加西亚等（Cabeza-García et al.，2018）、韩等（Han et al.，2021）和德 - 维利尔斯和马克斯（de Villiers and Marques，2016）的研究，本章也采用有序 Logit 模型进行重新回归。表 6 - 12 中的第（4）列和第（5）列报告了相关结果，本章的研究结论依旧成立。

6.4 进一步分析

6.4.1 动态效应分析

考虑到环境处罚对企业社会责任履行的影响存在滞后性，本书使用新的被解释变量（CER_{t+2}），即第 t + 2 期的企业环境责任履行情况来检验环境处罚对企业环境责任履行的影响是否随时间变化。表6－13中的第（1）列和第（2）列的回归结果与主回归结果一致，即环境处罚在两年后仍然会对企业社会责任履行产生积极且显著的影响。

表6－13　进一步分析实证回归结果

Variable	(1)	(2)	(3)	(4)	(5)	(6)
	CER_{t+2}	CER_{t+2}	$CER\_Symbolic_{t+1}$	$CER\_Substantive_{t+1}$	$CER\_symbolic_{t+1}$	$CER\_substantive_{t+1}$
Penalty	0.884 *** (4.401)		0.318 *** (5.057)	0.497 *** (3.699)		
Penalty_count		0.061 *** (3.722)			0.012 ** (2.277)	0.043 *** (3.505)
Control variables	Yes	Yes	Yes	Yes	Yes	Yes
Industry FE	Yes	Yes	Yes	Yes	Yes	Yes
Year FE	Yes	Yes	Yes	Yes	Yes	Yes
N	3 563	3 563	4 601	4 601	4 601	4 601
Adj. R^2	0.210	0.209	0.235	0.167	0.232	0.167

注：***、** 分别表示在1%、5%水平上显著；括号内数据为t值。

6.4.2　异质性环境责任履行分析

已有研究表明，企业可能采取不同类型的社会责任履行战略来维持其自身的合法性，具体包括象征性或者实质性战略（Zhong et al.，2022）。同样地，作为对环境处罚的回应，企业也可能采取不同的环境战略。环境战略根据企业所采取行动的情况可以分为象征性环境战略和实质性环境战略（Walker and Wan，2012）。象征性环境战略一般是指企业计划在未来做什么，并未采取实际行动，而实质性环境战略是指企业正在采取（或已经完成）某种具体行动或措施来改善自然环境。显然，不同类型的环境战略会对环境质量改善产生不同的影响。因此，本章进一步研究环境处罚在影响不同类型环境责任的履行上是否存在异质性。

参考克拉克森等（2008）和沃克与万（Walker and Wan，2012）的研究，本书将企业环境责任分为象征性环境责任（CER_symbolic）和实质性环境责任（CER_substantive）两类。以两类企业环境责任作为新的被解释变量，重新进行回归，相关回归结果见表 5 - 13 中的第 3 ~ 6 列。结果表明，环境处罚既能够促进象征性环境责任的履行，也能够促进实质性环境责任的履行。因此，尽管一些企业可能会采取象征性的环保行动，但环境处罚仍然可以倒逼企业采取一些具体或特定的实质性环保行动，从而有益于自然环境。

6.5　实证结果分析

现有研究主要聚焦于环境监管压力对企业采取可持续环境行为的影响，但环境处罚这一特定形式的环境监管压力对企业环境责任履行的影响却被学者普遍忽视。因此，本章研究了环境处罚是否以及如何影响企业环境责任的履行，是对已有研究的重要补充。表 6 - 14 中总结了本章的实证研究结果。

表 6 - 14　　假设及相应结论

假设	结论
H6 - 1（环境处罚→企业环境责任）	支持
H6 - 2（媒体关注的调节作用）	支持
H6 - 3（政治关联的调节作用）	支持
H6 - 4（行业竞争程度的调节作用）	不支持

研究结果表明，环境处罚对企业环境责任履行有显著正影响。企业是否受到环境处罚以及环境处罚的频次均会促进企业积极履行环境责任。本章的研究结果证实了环境处罚的积极作用，并与已有文献如秦等（Qin et al.，

2019）、韩等（Han et al.，2021）的研究结论保持一致。本章的研究结果也证明，在中国现行制度背景下，环境处罚这种特定形式的环境监管压力在规范企业环境行为方面发挥了重要作用。因此，本章强调了环境处罚在鼓励企业实施可持续发展行为中的积极作用。

本章的研究结果也表明，在受到环境处罚的两年后，环境处罚在促进企业环境责任履行方面的效果仍然是显著的，再次验证了环境处罚对企业环境责任履行的积极影响。鉴于环境处罚对企业环境责任履行的积极影响在 t+2 年仍然显著为正，也进一步验证了政府恰当实施环境规制的必要性。另外，考虑到篇幅限制问题，虽然本章未汇报相应的检验结果，但进一步检验结果也表明，尽管环境处罚对企业环境责任履行的积极影响在 t+3 年开始减弱，但这种积极影响仍然存在。该研究结论具有极强的政策意义，为政策制定者如何恰当设计并执行环境处罚政策、发挥其对企业环境责任履行的积极影响有较强的启示作用。

本章也通过媒体关注、政治关联和行业竞争三个维度来研究环境处罚影响企业环境责任的机制，为深入理解两者关系提供了完整的理论框架。媒体关注是外部治理的重要组成部分，本章研究结果表明，当企业得到更多的媒体关注时，环境处罚在促进企业环境责任履行方面的促进作用得到了加强。该研究结果与迎合理论、合法性理论以及利益相关者理论的预测一致。作为企业和利益相关者之间的信息中介平台，媒体可以减少或消除信息不对称，发挥对企业环境活动的约束作用（Xu et al.，2016）。本章得到媒体监督能够发挥积极作用的结论，与已有文献的研究结论一致（Wang and Zhang，2021；Chang et al.，2020）。鉴于媒体关注在环境处罚与企业环境责任履行的关系中发挥的重要作用，媒体可以作为一种有效的外部治理机制来规范企业环境行为。

此外，本章也发现政治关联可以削弱环境处罚对企业环境责任履行的正向影响。该研究结果与王等（Wang et al.，2018）和张（Zhang，2017）的研究结论相矛盾，这些研究认为，由于企业希望从政府那里获得有价值的资源或者出于高管团队晋升的动机，政治关联可以在促使企业实施可持续发展战略方面发挥出积极作用（Wang et al.，2018）。但与该研究结论相反，本章的研究结果表明，政治关联可能为企业提供庇护，使其尽管从事了对环境有害的行为但受到的环境处罚较小。而对于没有政治关联的企业，如果其从事环境违法活动将会受到惩罚。本章研究结果与韩等（Han et al.，2021）、穆塔金等（Muttakin et al.，2018）以及罗喜英和刘伟（2019）的研究结论一致，并与政府“援助之手”理论的预测一致（Zhang，2017）。因此，需要有效防止企业通过与政府建立政治联系来开展寻租行为，从而削弱政治关联对环境处罚促进企业环境责任履行的积极作用。

最后，与研究假设的预测不一致，本章发现，在竞争程度较低的行业中，环境处罚对企业环境责任履行的影响更强。该结论与全等（Quan et al.，2023）和茨恩苏伦（2021）的结论一致。也就是说，在竞争度较低的行业中，通过实施环境处罚有利于企业积极履行环境责任。当然，在行业竞争程度较强的行业中，企业履行企业环境责任的意愿会下降的一个可能的原因是，由于企业的资源是有限的，而企业环境责任的履行又依赖大量资源的投入，同时，企业履行环境责任所带来的收益在短期内很难实现，从而大大削弱了企业的获利情况（Meng et al.，2016；Campbell，2007）。因此，处于高度竞争行业中的企业缺乏将其有限的资源投资于企业环境责任中的经济动机，从而削弱了环境处罚对企业环境责任的积极影响。

6.6 本章小结

本章从环境责任履行角度来研究企业受到环境处罚后的反应，有助于深入理解环境处罚的经济后果，并为改善环境处罚的运作机制提供有益启示。本章仍以 2014 ~ 2020 年 A 股的重污染行业上市公司为研究样本，研究了环境处罚是否以及如何影响企业环境责任履行。实证结果显示，企业是否受到环境处罚以及环境处罚的频次均对后续环境责任履行有显著的正向影响。经过一系列稳健性检验后，研究结论仍然成立。此外，环境处罚对企业环境责任履行的积极影响在媒体关注度高、没有政治关联以及行业竞争程度低的企业中更为显著。进一步分析表明，环境处罚对企业环境责任履行的影响在处罚实施后两年内仍然存在，而且环境处罚不仅可以促进企业象征性环境责任的履行，也可以促进企业实质性环境责任的履行。

| 第7章 |

环境处罚对企业“漂绿”行为的影响研究

7.1　理论分析与研究假设提出

7.1.1　环境处罚对“漂绿”行为的影响

“漂绿”是企业在环境保护中象征性行为与实质性行为的偏离，是企业在认识到环境问题的重要性之后，以虚假环保宣传等方式宣示自身对环境保护的付出，实际上却反其道而行之，可以说有明知故犯之嫌。“漂绿”已经逐渐从产品营销领域向信息披露层面延伸，且有蔓延、扩散的趋势（黄溶冰，2022）。

合法性理论被广泛用来解释政府环境规制对企业行为的影响，因此，本章继续采用合法性理论来解释环境处罚对企业“漂绿”行为的影响。合法性理论认为，企业应该符合社会价值和制度规范，以获得其生存所需的合法性（Suchman，1995；Deegan，2002）。因此，企业应该不断合法化各项活动，从而满足监管需求和利益相关者期望（Dowling and Pfeffer，1975）。从合法性理论角度来看，企业一旦受到环境惩罚，就意味着企业赖以生存的合法性受到了威胁。鉴于“漂绿”是企业以简单、低成本方式获得合法性的重要渠道，并且无须改变其原有的商业模式，为了恢复经营所需的合法性，企业很有可能将“漂绿”策略作为第一选择，即采取象征性沟通策略以及非实质性的环保行动来解决环境问题（He et al.，2022；Li et al.，2022）。但是，“漂绿”本身也具有较高风险（Ruiz-Blanco et al.，2021；Lyon and Maxwell，2011）。特别是随着环保压力的不断加大，利益相关者对企业所采取的象征性环保活动也越来越警惕，对企业“漂绿”行为的容忍度也越来越低（He et al.，2022；Mateo-Márquez et al.，2022；Lyon and Montgomery，2015）。一旦企业的“漂绿”行为被利益相关者发现，企业将面临声誉损失、股价下跌、竞争优势下降、政府补贴、税收激励以及其他社会资源的流失等一系列问题，进而阻碍企业的生存和发展（He et al.，2022；Lyon and Maxwell，2011；Testa et al.，2018；Du，2014）。因此，企业在满足合法性所获得的收益与“漂绿”行为潜在损失之间进行充分权衡后，可能会削弱其参与“漂绿”的动机。

从理性角度来看，在受到环境处罚后，企业的恰当反应是将利益相关者的利益纳入到企业环境战略决策中，并采取一些具有实质性且具体的行动来改善其环境表现，例如，增加环保投资和开展绿色技术创新活动（Walker and Wan，2012；Ferrón-Vílchez et al.，2020）。另外，对于因环境不当行为而受到环境处罚的企业来说，对利益相关者采取更积极的沟通策略、披露更积极的环境信息也是另一个理性选择。通过披露更多的环境信息，有利于给企业树立起一个良好的形象，并改变外部利益相关者对企业的看法（He et al.，2022；Kim and Lyon，2015）。此外，从经济动机来看，企业采取积极的环境沟通策略、提高环境信息披露水平所需承担的成本较低，而且还有利于削弱环境处罚对企业声誉和市场价值的负面影响，减少企业的损失（Zhang，2022）。如前所述，鉴于“漂绿”是一种高风险行为，被识别后会给企业各方面带来较大的负面影响。虽然企业倾向于提高环境信息的披露水平，但企业同时也能积极地开展环境实践活动，因此，企业环境信息披露与环境绩效之间的差距可以得到缩减。综上可知，环境处罚可以抑制企业从事“漂绿”活动。

已有研究也证实环境规制在抑制企业“漂绿”行为方面具有积极的作

用。德尔马斯和蒙特斯－桑乔（Delmas and Montes-Sancho，2010）指出，较低的政治压力会引起企业更多的“漂绿”行为。基姆和里昂（Kim and Lyon，2015）认为，如果企业面临更多监管机构的审查，其参与“漂绿”的意愿也会降低。孙和张（Sun and Zhang，2019）证实政府监管在减少企业“漂绿”行为中发挥了关键作用，并验证了政府惩罚机制具有积极的作用。同样地，何等（He et al.，2020）也发现，政府环境立法的不足会导致建筑承包商的“漂绿”行为。马特奥－马尔克斯等（Mateo-Márquez et al.，2022）指出，与气候变化有关的环境法规数量和严格程度增加都可以有效降低企业从事“漂绿”行为的意愿。黄溶冰和储芳（2023）将2016年首轮施行的中央环保督察制度视为准自然实验发现，中央环保督察活动的开展显著降低了被督察地区污染企业的“漂绿”水平。基于以上分析，提出本章的第一个假设：

H7－1：环境处罚可以显著减少企业的“漂绿”行为。

7.1.2 财务冗余的调节作用

财务冗余是企业可以用来实现组织目标的多余资源，是企业内部潜在的储备资源（Carnes et al.，2018；Kim et al.，2008）。当企业拥有较多的财务冗余资源时，意味着企业在如何使用各项资源方面有较大的自由配置权，使企业能够尝试一些在资源有限情况下不能被批准的新项目（Bourgeois，1981；Nohria and Gulati，1996）。

由于资源的稀缺性，企业通常不愿意将资源分配到回收期长、收益具有较大不确定性的投资项目中。一般而言，企业开展实质性环保行动往往需要较多的资源投入，具有高成本和高风险的特点，因此，面临资源约束的企业会优先考虑那些能够较快带来经济效益的项目，而非选择能够实现社会效益的环保项目（Vanacker et al.，2013）。整体而言，当企业面临较大资源约束时，企业往往倾向于采取利润最大化的策略，并忽视其对社会的影响，相应地，企业也更有动机进行“漂绿”活动。张（Zhang，2022）的研究结果也证实，企业面临的融资约束程度越高，越容易导致“漂绿”行为的发生。

相反，较多冗余资源，不仅可以为企业提供足够的弹性来应对环境挑战，还可以有效缓解环境改善过程中面临的外部压力（Qi et al.，2014；Azadegan et al.，2013）。当企业拥有较多可以自由支配的冗余资源时，企业可以有效推进自身环境战略的调整，从而更好地适应内外部环境和需求的变化，进一步向利益相关者释放出企业积极履行环境承诺的信号（Vanacker et al.，2013；Qi et al.，2014）。现有研究表明，财务冗余在改善企业行为方面有积极作用，包括有利于企业增加创新投入（Zhang et al.，2020）、有利于改善企业社会责任的表现（Xu et al.，2014），也有利于改善企业环境绩效（Symeou et al.，2019）。同理，随着企业面临的环境压力越来越大，当企业拥有较多财务冗余资源时，企业也更愿意开展一系列实质性而非象征性的环保行动来满足利益相关者的需求，尽管这些环保行动不能在短期内带来收益。借鉴合法性理论，当企业受到环境处罚后，为了获得企业生存的合法性，拥有更多冗余资源的企业也更有动力采取一些实质性环保行动，从而有效减少“漂绿”行动。张启尧等（2017）的研究表明，企业较强的资源整合能力有效地抑制了企业的“漂绿”行为。综上，从资源禀赋的角度看，财务冗余可以强化环境处罚对“漂绿”的负向影响。因此，提出本章第二个假设：

H7－2：财务冗余可以强化环境处罚对“漂绿”的抑制作用。

7.1.3　内部控制的调节作用

内部控制作为公司内部治理的一项重要制度安排，被视为是一系列为企业运营、报告和合规目标的实现来提供合理保证的正式制度之和（Wang et al.，2018）。随着企业对内部控制重要性认识的不断深入，企业也越来越重视建立一个良好的内部控制体系，并确保内部控制可以有效运行。已有研究表明，良好的内部控制体系可以帮助企业提高经营决策的质量（D' Mello et al.，2016）、保证企业行为的合理性、提高资源配置的效率（Cheng et al.，2013）、提高公司治理质量（Cohen et al.，2010）、提高信息披露质量（Kim et al.，2017；Huang et al.，2022）、降低企业面临的风险（Bargeron et al.，2010），同时，还可以保护利益相关者的权益（Huang et al.，2022）。因此，建立良好的内部控制体系已成为企业的重要工作之一。

与内部控制较差的企业相比，内部控制较好的企业受到制裁、诉讼和监管的可能性往往较低，因为有效的内部控制可以帮助企业规范内部行为，杜绝违法现象（Du et al.，2017）。一旦企业受到环境处罚，内部控制质量较好的企业也可以依托严格的审批控制程序提高企业后续决策的合理性，并减少高管的机会主义行为。因此，当企业内部控制质量较高时，企业参与“漂绿”的意愿更小（Huang et al.，2022）。合法性理论也可以用来解释内部控制对环境处罚与企业“漂绿”行为的调节作用。当企业拥有更好的内部控制质量时，企业更倾向于通过正当行为获得生存所需的合法性，因此，在受到环境处罚后，内部控制质量较高的企业往往会采取实质性的环保行动而非“漂绿”策略。综上，内部控制作为一种内部约束机制，可以有效减少企业在受到环境处罚后进行“漂绿”的可能性。据此，提出本章第三个假设：

H7-3：内部控制可以强化环境处罚对“漂绿”的抑制作用。

7.1.4 政治关联的调节作用

政治关联是企业拥有的宝贵资源（Faccio et al.，2006）。从资源获取角度，当企业能够与政府建立良好的关系时，企业在稀缺资源的分配（包括银行贷款、政府补贴、税收优惠等）、高管晋升和监管庇护等方面具有更大的优势（Faccio et al.，2006；Adhikari et al.，2006；Wang et al.，2018）。因此，企业会有较强的经济动机来满足政府的需求，并与政府保持良好的关系。此外，从企业高管角度来看，出于职位晋升的目的，企业高管也倾向于与政府保持良好的关系。尽管企业高管在公司内的晋升空间有限，但企业高管还可以在国家行政机构部门中寻求更高的职位，尤其是对国有企业的高管而言（沈弋等，2021）。因此，考虑到自身的职业发展，企业高管人员不可避免地会作出符合政府偏好的决策（Wang et al.，2018；Marquis and Qian，

2014)。已有的研究也表明，具有政治关联的企业会开展更多符合政府以及其他利益相关者需求的活动，包括增加环保投入（Wang et al.，2018)、缴纳更多排污费（蔡宏波和何佳俐，2019)、有更好的企业社会责任表现（Wang et al.，2018）和开展绿色创新活动（Zhang et al.，2022)。

目前，中央政府对环保工作高度重视，政府环境规制力度不断增强，公众环保意识不断提高，对环境保护越来越重视，地方政府也更加严格地执行环境法规（Li and Ramanathan，2018；黄溶冰，2022；Tian et al.，2020)。因此，有政治关联的企业必须增加实质性环保活动的资源投入，减少“漂绿”行为，从而满足政府要求。特别是当企业因环境问题受到处罚时，为了保护企业高管自身的声誉，确保其个人政治生涯的合法性，企业高管需要采取更多实质性行动而不是象征性的行动来修复企业和政府之间的关系（Patten and Trompeter，2003；Marquis and Qian，2014)。综上所述，在企业受到环境处罚后，高管出于个人晋升的目的，倾向于减少“漂绿”行为来修复与政府之间的关系。因此，提出本章第四个假设：

H7 -4：政治关联可以强化环境处罚对“漂绿”的抑制作用。

7.2　研究设计

7.2.1　样本选择与数据来源

重污染行业是环境污染的主要来源，也经常因为环境不当行为而受到处罚，据此，本章继续以沪深 A 股的重污染行业上市公司为样本。考虑到 2014 年《中华人民共和国环境保护法》的修订对企业环保行为产生的显著影响，本章继续将研究期间确定为 2014 ~ 2020 年。此外，本章剔除了 ST、*ST、财务杠杆大于 1 以及相关变量数据缺失的样本，最终得到 4 039 个公司 - 年度观测值。

本章所需的研究数据依然来自若干个数据库。其中，与环境信息披露相关的数据是通过从企业的企业社会责任报告、ESG 报告、可持续发展报告和年度财务报告中手工收集获得。用于衡量环境投资和绿色创新的数据来自 CNRDS 数据库。环境处罚数据来自公众环境研究中心网站。内部控制数据来自迪博数据库。迪博提供的内部控制数据在很多权威论文中得到运用（Wu and Xu，2021；Du et al.，2017；Li et al.，2020）。其余变量所需数据来自 CSMAR 数据库。

7.2.2 变量定义

7.2.2.1 被解释变量

由于“漂绿”本身具有多学科融合的属性，学术界对“漂绿”概念尚未达成共识（黄溶冰等，2019；Ruiz-Blanco et al.，2021；de Freitas Netto et al.，2020；Torelli et al.，2019）。因此，在“漂绿”程度的测度上，学者们也未得到被广泛接受且具有合理性的方法（Nemes et al.，2022）。

借鉴鲍文和阿拉贡 - 科雷亚（Bowen and Aragon-Correa，2014）和鲁伊斯 - 布兰科等（Ruiz-Blanco et al.，2021）的研究，本章将“漂绿”定义为企业环境信息披露与实际环境绩效之间的脱钩程度，即企业在具体的环境行动方面主要采取积极的环境信息披露策略，而非实质性环保行动，从而达到美化公司形象、误导利益相关者的目的。因此，“漂绿”行为可以通过企业环境信息披露水平与企业实际环境绩效之间的脱钩程度来衡量。

对于企业环境信息披露水平的衡量，本章基于手工收集的年度财务报告、企业社会责任报告、ESG 报告和可持续发展报告数据，通过构建指标体系，使用内容分析法来衡量（Ruiz-Blanco et al.，2021）。内容分析法是学者们在衡量企业环境信息披露水平时被广泛采用的方法。借鉴图瓦伊里等（Al-Tuwaijri et al.，2004）和李等（Li et al.，2023）的研究，本章从环境治理信息披露、环境监督信息披露和环境管理信息披露三个维度来对企业环境信息披露水平进行测度，每个维度又包含若干个具体指标。在此基础上，从显著性和充分性两个维度对每个具体指标进行打分（Wu and Xu，2021；Wang et al.，2020）。具体来看，对于环境治理信息披露维度，如果企业披露了货币或定量化的环境信息，则该指标赋值为2；如果企业披露了定性的信息，则该指标赋值为1；如果企业没有披露相关的环境信息，则该指标赋值为0。对于剩余两个维度的环境信息披露，如果企业披露了相关的环境信息，则每个指标赋值为1，否则为0。汇总每个指标的得分，从而得到企业环境信息披露的最终得分。企业得分越高，表明企业环境信息披露水平越高。为了确保最终数据的可比性，进一步对企业环境信息披露得分进行标准化处理。标准化是将企业环境信息披露得分减去环境信息披露得分的年度均值，再除以环境信息披露得分的年度标准差（Testa et al.，2018）。经过标准化后，环境信息披露得分可以表示为企业环境信息披露水平在同行中的相对位置（Zhang，2022；Yu et al.，2020）。

对于企业环境绩效的衡量，本章借鉴胡等（Hu et al.，2022）的研究，从投入和产出两个角度来衡量企业在实质性环保行动方面的开展情况。从实质性环保行动的投入角度来看，本章使用企业环保投资的金额来衡量。胡等（2022）指出，使用环保投资来衡量环境绩效具有很强的可靠性和一致性，也具有合理性。为了降低环保投资数据右偏的影响，本章对环保投资做加 1 取对数处理（Wang et al.，2019）。从实质性环保行动的产出角度来看，同样借鉴胡等（2022）的研究，本章使用企业绿色专利的年度申请数量作为环境绩效的另一个衡量方法。一般来说，拥有更多绿色专利的企业，也意味着企业拥有更好的环境绩效（He et al.，2022）。为了解决企业绿色专利申请数量右偏的影响，同样也对绿色专利申请数量做加 1 取对数处理。在此基础上，也分别对企业的环保投资水平和绿色专利申请数量进行标准化处理，从而得到企业环保投资和绿色创新水平在同行中的相对位置。企业环境绩效水平最终是由企业在环保投资以及绿色技术创新两方面具体表现的平均值来衡量。经过上述标准化程序后，企业的环境信息披露水平和环境绩效水平可以直接进行比较（Zhang，2022；Yu et al.，2020）。

企业的“漂绿”程度（GW）是经行业调整后的企业环境信息披露水平

得分与环境绩效得分的差（Testa et al.，2018；Kim and Lyon，2015；Zhang，2022；Yu et al.，2020），详见式（7－1）：

$$GW = \left(\frac{EID - \overline{EID}}{\sigma_{EID}}\right) - \left(\frac{EP - \overline{EP}}{\sigma_{EP}}\right) \tag{7-1}$$

其中，$\overline{EID}$和$\overline{EP}$分别代表企业环境信息披露水平和环境绩效得分的年度均值，σ_{EID}和σ_{EP}为环境信息披露水平和环境绩效得分的年度标准差。如果一个企业环境信息披露水平在行业内的相对位置高于其环境绩效水平在行业内的相对位置，则代表企业存在“漂绿”行为。GW 的数值越大，说明企业“漂绿”的程度越高。

7.2.2.2 解释变量

借鉴谢夫琴科（2021）以及阿比和阿查里亚（2022）的研究，本章仍然从两个角度来衡量环境处罚。第一个角度是通过构造企业是否受到环境处罚（Penalty）的虚拟变量来衡量，如果一个企业及其附属企业在某一年内受到环境处罚，则该变量取值为1，否则为0。第二个角度是通过构造企业受到环境处罚的总频次（Penalty_count）来衡量，它等于上市企业及其附属企业一年内受到环境处罚的总次数。

7.2.2.3 调节变量

（1）财务冗余

在现有的文献中，学者们已采取多种方法来衡量财务冗余，包括使用流动比率（John et al.，2017；Duque-Grisales and Aguilera-Caracuel，2019；Hernandez-Vivanco and Bernardo，2022）、速动比率（Kim et al.，2008）、现金比率（Zhang et al.，2020）和现金储备占总资产的比率（Xu et al.，2014；Guo et al.，2020）等方法来衡量，但这些衡量财务冗余的指标具有明显的噪声（John et al.，2017）。因此，为了有效减少衡量中存在的噪声偏误，借鉴帕勒曼和瓦纳克（Paeleman and Vanacker，2015）和瓦纳克等（Vanacker et al.，2013）的研究，使用经过行业调整后的现金及现金等价物与总资产的比率（Slack）作为财务冗余的代理变量。具体来看，由于行业异质性的存在，本章使用企业现金及现金等价物与总资产的比值与同行业现金及现金等价物占总资产平均值的差来衡量财务冗余。该数值越大，说明相比行业内其他企业，其拥有的冗余财务资源越多（Vanacker et al.，2013；Symeou et al.，2019）。

（2）内部控制

本章采用迪博数据库提供的内部控制指数来衡量企业内部控制质量（IC）。迪博是一个可靠性高、客观性强的第三方独立机构，它从战略、运营、财务报告、合规、资产安全五个方面来评估企业的内部控制质量（Li et al.，2020）。评估企业内部控制质量的原始数据来自企业年度报告、内部控制鉴证报告和内部控制评估报告等（Wu and Xu，2021）。为了减少因量纲造成的影响，本章借鉴杜等（Du et al.，2017）的做法，将内部控制指数得分除以100。内部控制指数的数值越大，代表企业内部控制水平越高。

（3）政治关联

学者对于企业政治关联的衡量是非常统一的。与前一章的做法一致，如果企业的董事长或CEO现在或者曾经在政府机构中任职过，则可以认为企业存在政治关联。借鉴张等（Zhang et al.，2022）和张（Zhang，2017）的研究，本章通过构建虚拟变量（PC）来衡量企业的政治关联。具体来说，当董事长或CEO曾经或当前在中央和各级地方政府、法院、检察院任职，或者曾经担任各级人大代表以及政协委员，则PC等于1，否则为0。

7.2.2.4　控制变量

为了控制可能影响“漂绿”的其他因素，本章参考张（Zhang，2022）和杜（Du，2014）的研究，在回归模型中加入一系列控制变量。其中，公司特征层面的控制变量包括公司规模（Size）、资产负债率（Lev）、公司成立年龄（EstAge）、成长能力（Growth）和财务绩效（FP）。公司治理层面的控制变量包括董事会规模（Board）、独立董事占比（Independent）、股权制衡度（Balance）、第一大股东持股比例（Top1）、两职合一（Dual）以及机构投资者持股比例（Institute）。此外，本章还控制了行业和年份固定效应。具体变量衡量方法如表 7－1 所示。为了降低极端值影响，本章对所有连续变量在 1% 的水平上进缩尾处理。

表 7－1　　　　变量定义

类型	名称	符号	测度
被解释变量	"漂绿"	GW	经过标准化的环境信息披露得分和环境绩效得分之差
解释变量	环境处罚	Penalty	公司及其附属公司在一年内是否受到环境处罚，是则取 1，否则取 0
		Penalty_count	公司及其附属公司在一年内受到环境处罚的总次数
调节变量	财务冗余	Slack	(现金及现金等价物－行业内现金及现金等价物的平均值)/总资产
	内部控制	IC	迪博内部控制指数除以 100
	政治关联	PC	如果公司的董事长或 CEO 是或曾经是政府官员取 1，否则取 0
控制变量	公司特征	Size	ln(总资产)
		Lev	总负债/总资产
		EstAge	企业成立年数
		Growth	企业营业收入增长率
		FP	净利润/平均总资产
	公司治理	Board	董事会人数
		Independent	董事会独立董事占比
		Balance	第二至第五大股东持股比例/第一大股东持股比例
		Top1	第一大股持股比例
		Dual	CEO 兼任董事长时取 1，否则取 0
		Institute	机构投资者所持股份的比例

7.2.3　模型设计

为了检验环境处罚对企业"漂绿"行为的影响，本章构建模型（7－2）。其中，被解释变量设定为 t+1 年的 GW 主要出于以下两方面考虑：一是在受到环境处罚后，企业需要一定的时间来采取对应的环保行动，无论是象征性环保行动还是实质性环保行动；二是用第 t 年的环境处罚和控制变量来解释 t+1 期的 GW 可以在一定程度上缓解内生性问题（Du，2014）。η_j和γ_t分别表示行业和年份固定效应，ε_{it}为随机干扰项。

$$GW_{i,t+1} = \beta_0 + \beta_1 Penalty_{i,t} \text{ or } Penalty\_count_{i,t} + \sum_{j=1}^{k} \beta_j Controls_{i,t} + \eta_j + \gamma_t + \varepsilon_{it} \quad (7-2)$$

为了检验调节变量的影响，调节变量以及交互项也被纳入回归模型。如前所述，被解释变量仍为 t+1 期的 GW，具体模型参见模型（7-3a）和模型（7-3b）；Moderator 分别代表财务冗余、内部控制和政治关联三个调节变量。为了减少多重共线性的影响，本章在将交互项加入回归模型之前均进行了去中心化处理。

$$GW_{i,t+1} = \beta_0 + \beta_1 Penalty_{i,t} + \beta_2 Moderator_{i,t} + \beta_3 Penalty_{i,t} \times Moderator_{i,t} + \sum_{j=1}^{k} \beta_j Controls_{i,t} + \eta_j + \gamma_t + \varepsilon_{it} \quad (7-3a)$$

$$GW_{i,t+1} = \beta_0 + \beta_1 Penalty\_count_{i,t} + \beta_2 Moderator_{i,t} + \beta_3 Penalty\_count_{i,t} \times Moderator_{i,t} + \sum_{j=1}^{k} \beta_j Controls_{i,t} + \eta_j + \gamma_t + \varepsilon_{it} \quad (7-3b)$$

7.3　实证结果

7.3.1　描述性统计

全部变量的描述性统计结果如表 7-2 所示。“漂绿”（GW）的均值为 0.012，标准差为 0.999，说明不同企业的“漂绿”程度存在较大差异。是否受到环境处罚（Penalty）的均值为 0.267，说明样本中有 26.7%的企业受到过环境处罚。环境处罚频次（Penalty_count）的均值为 1.583，说明样本企业平均受到 1.583 次环境处罚，最大值为 33。图 7-1 进一步列示了环境处罚频次随时间变化的趋势情况，即环境处罚数量总体上呈现出上升的趋势，这也从侧面反映出企业所面临的环境规制压力不断增加。其余变量的描述性统计与其他类似研究的描述性统计基本一致。

表 7－2　　　　描述性统计

Variable	N	Mean	SD	Median	Min	Max
GW	4 039	0. 012	0. 999	－0. 119	－2. 380	2. 744
Penalty	4 039	0. 267	0. 443	0	0	1
Penalty_count	4 039	1. 583	4. 528	0	0	33
Slack	4 039	0. 003	0. 063	0. 001	－0. 247	0. 217
IC	4 039	6. 368	1. 234	6. 609	0	8. 148
PC	4 039	0. 323	0. 468	0	0	1
Size	4 039	22. 38	1. 261	22. 16	20. 03	26. 18
Lev	4 039	0. 405	0. 196	0. 391	0. 0510	0. 923
EstAge	4 039	2. 860	0. 291	2. 890	1. 792	3. 466
Growth	4 039	0. 160	0. 361	0. 103	－0. 542	3. 348
FP	4 039	0. 0490	0. 0570	0. 0410	－0. 209	0. 246
Board	4 039	8. 703	1. 738	9	5	15
Independent	4 039	37. 20	5. 096	33. 33	28. 57	57. 14
Balance	4 039	0. 674	0. 562	0. 514	0. 0170	2. 596
Top1	4 039	36. 88	14. 60	35. 39	7. 510	78. 89
Dual	4 039	0. 236	0. 425	0	0	1
Institute	4 039	45. 62	24. 10	48. 80	0. 0650	92. 17

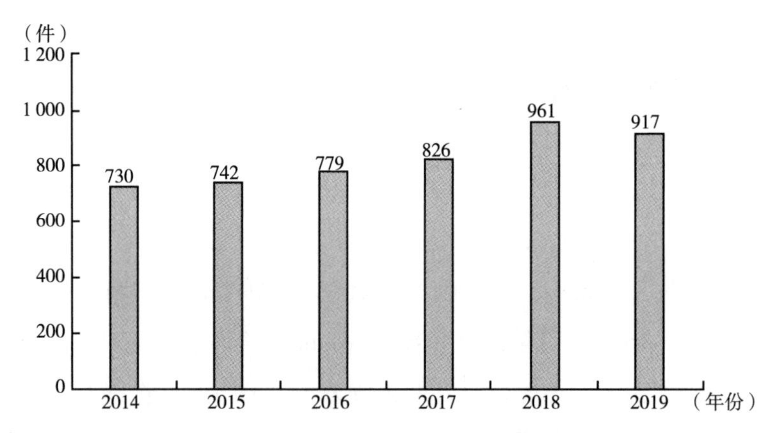

图 7－1　2014～2019 年环境处罚数量变化趋势

7.3.2　单变量分析

根据企业是否受到环境处罚将全部样本分为受环境处罚组（Penalty = 1）和未受环境处罚组（Penalty = 0）两个子样本，据此进行单变量检验。表 7 – 3 报告了单变量检验结果。对于未受到环境处罚的企业（Penalty = 0）来说，其环境信息披露水平（EID）和环境绩效（EP）的得分均较低，但“漂绿”（GW）的程度较高。对于受到环境处罚的企业（Penalty = 1）来说，其环境信息披露水平（EID）和环境绩效（EP）的得分均较高，但“漂绿”（GW）程度较低。单变量检验结果表明，环境处罚有效减少了企业的“漂绿”程度，研究假设得到初步证实。

表 7 – 3　　单变量检验结果

Variable	Penalty = 0		Penalty = 1		Mean difference
	N	Mean	N	Mean	
EID	2 960	–0.105	1 079	0.407	–0.512 ***
EP	2 960	–0.139	1 079	0.449	–0.588 ***
GW	2 960	0.032	1 079	–0.041	0.073 **

注：***、** 分别表示在 1%、5% 水平上显著。

7.3.3　相关性分析

表 7 – 4 列示了主要变量 Pearson 相关系数的检验结果。是否受到环境处罚（Penalty）和环境处罚频次（Penalty_count）都与“漂绿”（GW）呈现出显著负相关关系，与预期一致。需要注意的是，尽管存在高度相关的变量（如 Penalty 和 Penalty_count），但这两个变量并没有同时被纳入回归模型中，因此，可以有效避免多重共线性问题。

表 7-4 相关性分析

Variable	GW	Penalty	Penalty_count	Slack	IC	PC
GW	1					
Penalty	-0.032**	1				
Penalty_count	-0.042***	0.579***	1			
Slack	0.059***	0.050***	0.040**	1		
IC	0.022	-0.053***	-0.006	0.079***	1	
PC	0.029*	-0.112***	-0.051***	0	0.057***	1

注：***、**、*分别表示在1%、5%、10%水平上显著。

7.3.4 基准回归结果

7.3.4.1 环境处罚对企业“漂绿”行为的影响

表7-5列示了环境处罚影响企业“漂绿”行为的实证检验结果。第（1）列和第（3）列为没有添加控制变量情况下，环境处罚对企业“漂绿”影响的回归结果。是否受到环境处罚（Penalty）和环境处罚频次（Penalty_count）的系数均为负，并且具有统计意义上的显著关系（$\beta=-0.0862$，$\rho<0.05$；$\beta=-0.0105$，$\rho<0.01$）。包含控制变量的回归结果见表7-5第（2）列和第（4）列。第（2）列显示，是否受到环境处罚（Penalty）与“漂绿”（GW）呈现出显著负相关（$\beta=-0.0954$，$\rho<0.05$）。第（4）列显示环境处罚频次（Penalty_count）与“漂绿”（GW）也呈现出显著负相关（$\beta=-0.0127$，$\rho<0.01$）。以上结果均表明，环境处罚可以有效抑制企业参与“漂绿”活动。因此，H7-1得到支持。

表 7-5 环境处罚影响企业“漂绿”行为的回归结果

Variable	(1)	(2)	(3)	(4)
	GW_{t+1}	GW_{t+1}	GW_{t+1}	GW_{t+1}
Penalty	-0.0862** (-2.302)	-0.0954** (-2.192)		
Penalty_count			-0.0105*** (-3.070)	-0.0127*** (-3.198)

续表

Variable	(1)	(2)	(3)	(4)
	GW_{t+1}	GW_{t+1}	GW_{t+1}	GW_{t+1}
Size		0.0086 (0.464)		0.0160 (0.837)
Lev		−0.2377** (−2.240)		−0.2433** (−2.301)
EstAge		0.1651*** (2.986)		0.1563*** (2.838)
Growth		−0.2109*** (−4.430)		−0.2143*** (−4.499)
FP		0.7928** (2.353)		0.7657** (2.269)
Board		0.0303** (2.403)		0.0306** (2.426)
Independent		0.0006 (0.149)		0.0008 (0.205)
Balance		0.0410 (1.187)		0.0439 (1.278)
Top1		0.0007 (0.497)		0.0007 (0.533)
Dual		0.0801** (2.153)		0.0800** (2.145)
Institute		0.0032*** (4.130)		0.0032*** (4.094)
_cons	0.0183 (1.009)	−0.9686** (−2.161)	0.0119 (0.708)	−1.1133** (−2.440)
Industry FE	No	Yes	No	Yes
Year FE	No	Yes	No	Yes
N	4 039	4 039	4 039	4 039
Adj. R^2	0.0012	0.0265	0.0019	0.0276

注：***、** 分别表示在 1%、5% 水平上显著；括号内数据为 t 值。

7.3.4.2 财务冗余的调节作用

本章进一步研究企业特征变量对环境处罚与企业“漂绿”行为关系的调节效应，相关回归结果见表7-6。第（1）列和第（2）列报告了财务冗余调节效应的回归结果。在第（1）列中，是否受到环境处罚（Penalty）的系数显著为负（$\beta = -0.0967$，$\rho < 0.05$），而财务冗余（Slack）的系数显著为正（$\beta = 1.1186$，$\rho < 0.01$），交互项（Penalty × Slack）的系数为负，并且在1%的水平上显著（$\beta = -1.7320$，$\rho < 0.01$）。同样，第（2）列表明交互项（Penalty_count × Slack）的系数也显著为负（$\beta = -0.1391$，$\rho < 0.05$）。结果表明，财务冗余会强化环境处罚对“漂绿”的抑制作用，这与H7-2预测得一致。对于拥有更多冗余财务资源的企业来说，其在受到环境处罚后从事“漂绿”活动的可能性更小。图7-2和图7-3分别列示了财务冗余（Slack）对是否受到环境处罚（Penalty）以及环境处罚频次（Penalty_count）分别与“漂绿”（GW）之间关系的调节作用。

表7-6 企业层面变量的调节效应

Variable	(1)	(2)	(3)	(4)	(5)	(6)
	GW_{t+1}	GW_{t+1}	GW_{t+1}	GW_{t+1}	GW_{t+1}	GW_{t+1}
Penalty	-0.0967** (-2.217)		-0.0940** (-2.160)		-0.0234 (-0.475)	
Penalty_count		-0.0122*** (-3.055)		-0.0123*** (-3.068)		-0.0064 (-1.336)
Slack	1.1186*** (3.625)	0.6819** (2.432)				
Penalty × Slack	-1.7320*** (-2.909)					
Penalty_count × Slack		-0.1391** (-1.990)				
IC			0.0410** (2.473)	0.0228* (1.655)		

续表

Variable	(1)	(2)	(3)	(4)	(5)	(6)
	GW_{t+1}	GW_{t+1}	GW_{t+1}	GW_{t+1}	GW_{t+1}	GW_{t+1}
Penalty × IC			-0.0621 ** (-2.141)			
Penalty_count × IC				-0.0052 * (-1.770)		
PC					0.1358 *** (3.600)	0.0833 ** (2.459)
Penalty × PC					-0.2540 *** (-3.056)	
Penalty_count × PC						-0.0206 *** (-3.060)
Control variables	Yes	Yes	Yes	Yes	Yes	Yes
Industry FE	Yes	Yes	Yes	Yes	Yes	Yes
Year FE	Yes	Yes	Yes	Yes	Yes	Yes
N	4 039	4 039	4 039	4 039	4 039	4 039
Adj. R^2	0.0296	0.0296	0.0277	0.0286	0.0297	0.0303

注：***、**、*分别表示在1%、5%、10%水平上显著；括号内数据为t值。

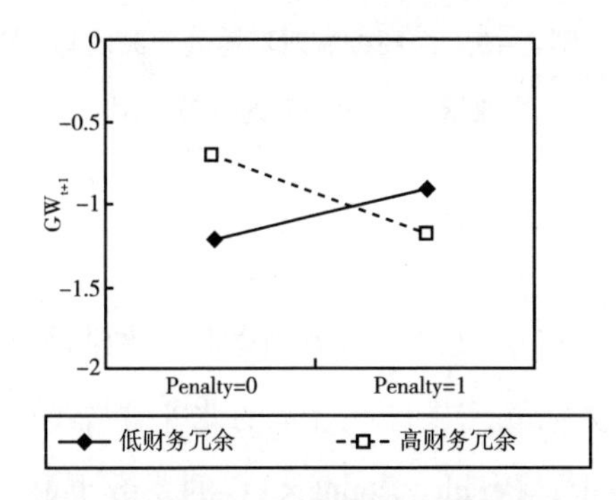

图7-2　财务冗余对是否受到环境处罚与“漂绿”之间关系的调节作用

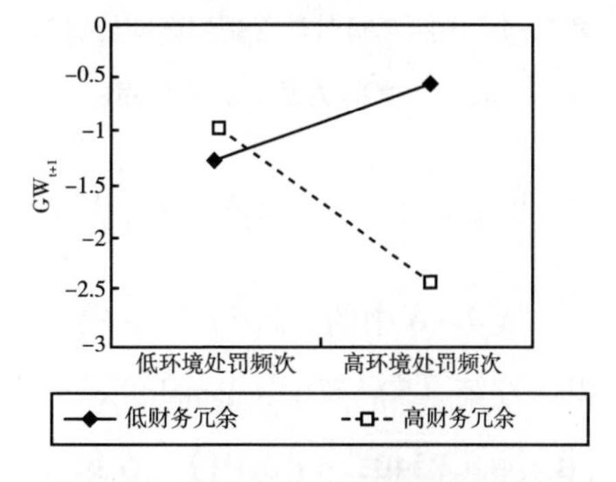

图7-3　财务冗余对环境处罚频次与“漂绿”之间关系的调节作用

7.3.4.3 内部控制的调节作用

表7－6中的第（3）列和第（4）列报告了内部控制调节作用的回归结果。在第（3）列中，Penalty × IC 的系数为负，且在5%的水平上显著（β = −0.0621，ρ<0.05）。在第（4）列中，Penalty_count × IC 的系数也显著为负（β = −0.0052，ρ<0.1）。以上结果共同支持了内部控制可以强化环境处罚对“漂绿”的负向影响。对于内部控制质量较高的企业来说，环境处罚可以显著抑制企业的“漂绿”行为。因此，H7－3得到支持。图7－4和图7－5分别列示了内部控制（IC）对是否受到环境处罚（Penalty）以及环境处罚频次（Penalty_count）分别与“漂绿”（GW）之间关系的调节作用。

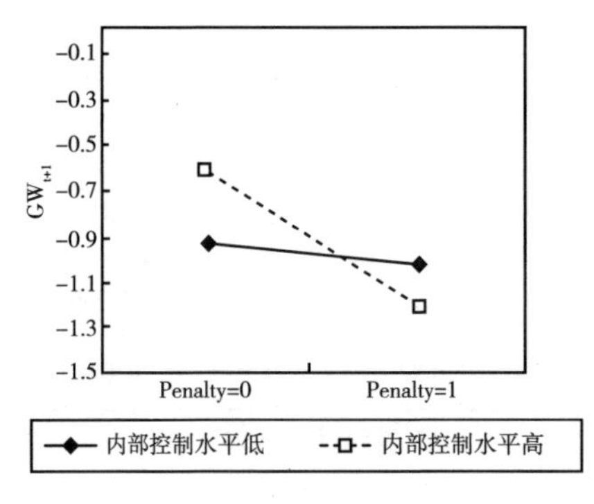

图7－4 内部控制对是否受到环境处罚与“漂绿”之间关系的调节作用

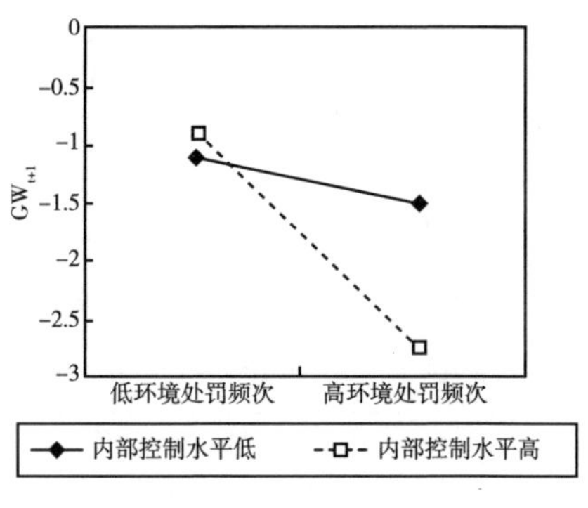

图7－5 内部控制对环境处罚频次与“漂绿”之间关系的调节作用

7.3.4.4 政治关联的调节作用

表7－6中的第（5）列和第（6）列报告了政治关联调节效应的回归结果。在第（5）列中，Penalty × PC 的系数为负，并且在1%的水平上显著（β = −0.2540，ρ<0.01）。在第（6）列中，Penalty_count × PC 的系数也显著为负（β = −0.0206，ρ<0.01）。结果表明，政治关联可以强化环境处罚对“漂绿”的抑制作用。对于有政治关联的企业来说，环境处罚对企业

“漂绿”行为的抑制作用更加显著。据此，H7－4得到了支持。图7－6和图7－7分别列示了政治关联（PC）对是否受到环境处罚（Penalty）以及环境处罚频次（Penalty_count）分别与“漂绿”（GW）之间关系的调节作用。

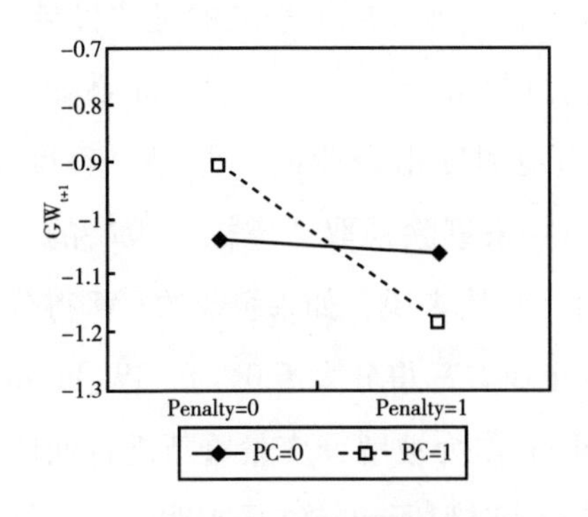

图7－6　政治关联对是否受到环境处罚与“漂绿”之间关系的调节作用

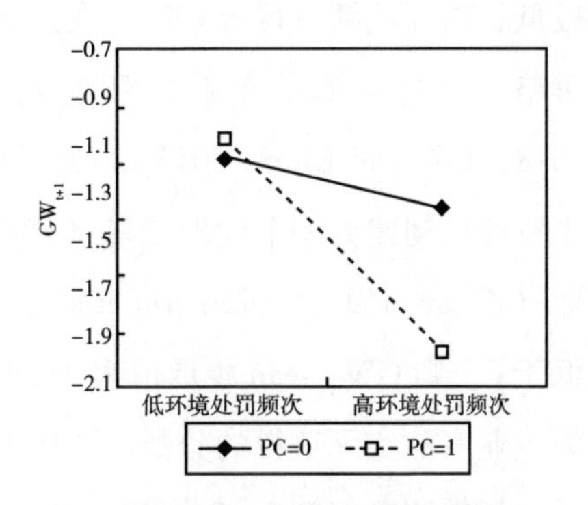

图7－7　政治关联对环境处罚频次与“漂绿”之间关系的调节作用

7.3.5　稳健性检验

7.3.5.1　替换被解释变量

“漂绿”是本章研究的关键变量，为了避免关键变量衡量偏误对回归结果的影响，本章首先考虑使用其他替代性变量来衡量“漂绿”。在主回归中，本章使用了经过行业调整后的环境信息披露与环境绩效的脱钩程度来衡量“漂绿”，即标准化后的环境信息披露得分与环境绩效得分之差来测度“漂绿”。在此基础上，借鉴钟等（Zhong et al.，2022）和马特奥－马尔克斯等（2022）的做法，将企业环境信息披露的得分从低到高进行五分位排序（EID_5quantile），并根据排序结果分别赋值1～5分。对于环境绩效，同样进行5分位排序（EP_5quantile）。值得注意的是，企业环境信息披露得分的最小值不为0，但如果企业在某年没有环保投资和绿色专利，则EP将赋值为0。因此，EP_5quantile的得分区间在0～5。最后，构建GW_5quantile

作为“漂绿”的另一个替代变量，即 EID_5quantile 和 EP_5quantile 之间的脱钩程度。采用新的被解释变量（GW_5quantile）进行回归后，结果如表 7 - 7 的第（1）列和第（2）列所示，本章的主结论仍然成立。

此外，当企业“漂绿”得分低于 0 时，意味着企业的环境信息披露得分较低，而环境绩效得分较高。在这种情况下，企业实际上采取的是“漂棕”策略，即过分低估企业的环境表现，而非“漂绿”策略（Testa et al.，2018；Kim and Lyon，2015）。为了更准确地测度出企业的“漂绿”程度，本章通过构建另一个代理变量（GW_clean）来剔除采取“漂棕”策略的企业（Zhong et al.，2022；Du et al.，2021）。具体来说，如果企业的 GW 得分低于 0，则 GW_clean 也取值为 0；但如果企业 GW 得分大于 0，则 GW_clean 为企业 GW 实际获得的分数。使用 GW_clean 作为被解释变量重新进行回归后，相应结果如表 7 - 7 的第（3）列和第（4）列所示。结果表明，本章结论具有稳健性。

表 7 - 7　　替换 GW 回归结果

Variable	(1)	(2)	(3)	(4)
	$GW\_5quantile_{t+1}$	$GW\_5quantile_{t+1}$	GW_clean_{t+1}	GW_clean_{t+1}
Penalty	-0.0512* (-1.911)		-0.2053*** (-3.058)	
Penalty_count		-0.0117*** (-5.292)		-0.0175*** (-2.745)
Control variables	Yes	Yes	Yes	Yes
Industry FE	Yes	Yes	Yes	Yes
Year FE	Yes	Yes	Yes	Yes
N	4 039	4 039	4 039	4 039
Adj. R^2	0.0311	0.0352	0.0458	0.0452

注：***、* 分别表示在 1%、10% 水平上显著；括号内数据为 t 值。

7.3.5.2　倾向得分匹配法

由于样本选择可能存在偏差，本章首先采用倾向性得分匹配法来控制环境处罚和“漂绿”之间潜在的内生性问题。首先，使用主回归中提到的控制变量，采用 Logit 模型来评估企业受到环境处罚的倾向性得分。根据倾向性得分，将实验组（Penalty =1）与控制组（Penalty =0）进行匹配。具体匹配方法为半径匹配，卡尺设定为0.01，并采取有放回方式。使用匹配后样本再次进行回归的结果如表7 -8 的第（1）列和（2）列所示，结果表明本章的研究结论依然成立。

表7 -8　　PSM 和 Heckman 检验回归结果

Variable	PSM		Heckman		
	(1)	(2)	(3)	(4)	(5)
	GW_{t+1}	GW_{t+1}	Penalty	GW_{t+1}	GW_{t+1}
Penalty	-0.0944 ** (-2.162)			-0.0929 ** (-2.123)	
Penalty_count		-0.0136 *** (-3.067)			-0.0125 *** (-3.130)
Mean_penalty1			0.0973 *** (4.969)		
Mean_penalty2			0.0983 *** (6.075)		
IMR				0.0872 (0.705)	0.0825 (0.668)
Control variables	Yes	Yes	Yes	Yes	Yes
Industry FE	Yes	Yes	Yes	Yes	Yes
Year FE	Yes	Yes	Yes	Yes	Yes
N	3 985	3 985	4 039	4 039	4 039
Adj. R^2	0.0265	0.0275		0.0264	0.0275

注：*** 、** 分别表示在1%、5%水平上显著；括号内数据为t值。

7.3.5.3　Heckman 两阶段模型

本章进一步使用 Heckman 两阶段模型来降低样本选择偏差的影响。首先，采用 Probit 模型来评估企业受到环境处罚的可能性。参考全等（Quan et al. , 2023）的研究，本章构建两个工具变量，包括 Mean_penalty1 和 Mean_penalty2。其中，Mean_penalty1 为同一行业内环境处罚次数的年度均值，Mean_penalty2 为同一省份环境处罚次数的年度均值。此外，Probit 模型也加入主回归模型中列出的所有控制变量。在此基础上，将第一步计算出的逆米尔斯比率（IMR）加入主回归模型中。如表 7 – 8 中第（3）~第(5）列所示，本章的研究结论仍然成立。

7.3.5.4 安慰剂检验

为了验证本章结论的可靠性，排除其他可能的干扰因素，本章参考胡等（Hu et al. , 2022）、王等（Wang et al. , 2021）和费拉等（Ferrara et al. , 2012）的研究进行了安慰剂检验。根据 Penalty 和 Penalty_count 的数据，构建两个伪变量 Placebo_Penalty 和 Placebo_Penalty_count，随机将对应数据分配给两个伪变量。分别用构造的伪变量 Placebo_Penalty 和 Placebo_Penalty_count 来替换 Penalty 和 Penalty_count 并再次进行回归分析，重复该过程 500 次并存储相应的回归结果。如图 7 – 8 和图 7 – 9 所示，Placebo_Penalty 和 Placebo_Penalty_count 的系数呈现出以 0 为中心的正态分布趋势。此外，环境处罚对“漂绿”的真实影响（如图中的竖线所示）明显强于安慰剂检验的估计结果，证明了本章结论的稳健性。

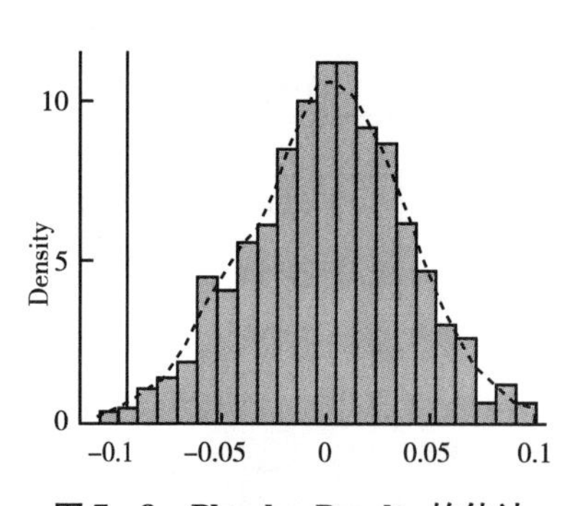

图 7 – 8　Placebo_Penalty 的估计系数分布

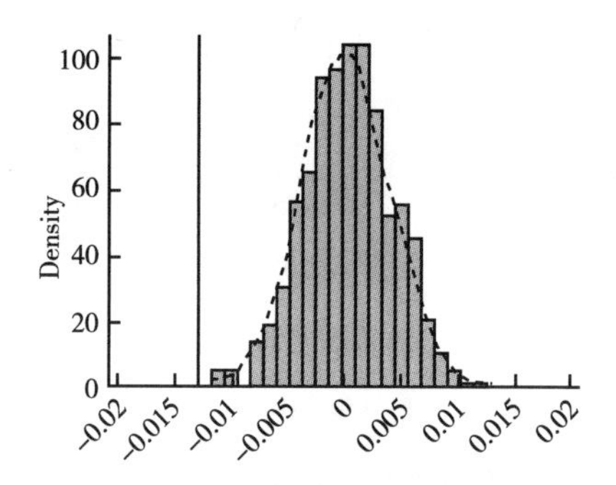

图 7 – 9　Placebo_Penalty_count 的估计系数分布

7.3.5.5　排除其他政策的替代性解释

中国政府一直高度重视环境保护工作，并采取了一系列的环保措施。其中，环保约谈和环保督察恰好是本书研究期间所实施的两项重要环保政策，两项环保政策实施所引发的经济后果也引起了学者们的广泛关注（Zeng et al.，2022；Tian et al.，2020）。为了提高环境治理的质量，我国自2014年起开始执行环保约谈政策，即主要由中国生态环境部对执行环境政策不力的主要地方官员进行环保约谈（Tian et al.，2020；Jiang et al.，2023）。此外，中央政府在2016年初推出环保督察政策，到2017年底，环保督察已覆盖中国31个省级地区（Sam and Zhang，2020；Wu and Hu，2019）。通过开展环保督查活动，地方政府可能会受到来自上级政府更多的环保压力，同时也开启了“督企”和“督政”并行的双重治理模式。因此，忽视这两项环保政策对企业“漂绿”行为的影响可能会导致实证结果出现偏差。为了排除这两项政策对结论的潜在影响，本章构建了两个虚拟变量（Talk和Inspection）。如果企业所在的地区在第t年受到政府约谈，那么受到环保约谈的当年及其以后年度的Talk均赋值为1，否则赋值为0。同样，如果企业所在地区在第t年受到环保督察，则受到环保督察的当年及其以后年度的Inspection均赋值为1，否则为0。本章采用DID模型进行回归，相应的回归结果如表7-9所示。由于Talk和Inspection对“漂绿”（GW）的影响均不具有统计意义上的显著关系，且本章主要结论也保持不变，据此可以排除其他环境政策对企业“漂绿”行为的影响。

表7-9　排除其他环境政策影响后的回归结果

Variable	(1)	(2)	(3)	(4)
	GW_{t+1}	GW_{t+1}	GW_{t+1}	GW_{t+1}
Penalty	-0.0953** (-2.189)		-0.0960** (-2.204)	
Penalty_count		-0.0127*** (-3.192)		-0.0128*** (-3.208)

续表

Variable	(1)	(2)	(3)	(4)
	GW_{t+1}	GW_{t+1}	GW_{t+1}	GW_{t+1}
Talk	-0.0102 (-0.272)	-0.0064 (-0.171)		
Inspection			-0.0251 (-0.350)	-0.0258 (-0.361)
Control variables	Yes	Yes	Yes	Yes
Industry FE	Yes	Yes	Yes	Yes
Year FE	Yes	Yes	Yes	Yes
N	4 039	4 039	4 039	4 039
Adj. R^2	0.0263	0.0274	0.0263	0.0274

注：***、** 分别表示在1%、5%水平上显著；括号内数据为 t 值。

7.4 进一步分析

7.4.1 企业生命周期影响

处于不同生命周期的企业，由于其组织特征、能力和战略决策的差异，其在资源配置和战略选择方面会有所不同（Dickinson，2011）。因此，处于不同生命周期阶段的企业在是否进行“漂绿”活动方面自然也存在较大差异（Kim and Lyon，2015；Delmas and Burbano，2011）。本章参考迪金森（Dickinson，2011）对于生命周期的分类方法，将企业生命周期分为成长期、成熟期和衰退期三个阶段，进一步研究环境处罚对“漂绿”的影响是否随着企业生命周期的变化而变化。

相关回归结果如表 7-10 所示。对于处于成长期和成熟期的企业来说，环境处罚对企业的“漂绿”行为会产生负向影响，但对于处于衰退期的企业来说，环境处罚对“漂绿”的影响并不显著。因此，企业生命周期对环境处罚和“漂绿”关系的形成起着重要作用。

表7-10　企业生命周期影响的检验结果

Variable	Growth period		Mature period		Shake-out period	
	(1)	(2)	(3)	(4)	(5)	(6)
	GW_{t+1}	GW_{t+1}	GW_{t+1}	GW_{t+1}	GW_{t+1}	GW_{t+1}
Penalty	-0.0104 (-0.147)		-0.2656*** (-4.104)		0.1075 (0.915)	
Penalty_count		-0.0165** (-2.310)		-0.0177*** (-3.233)		0.0090 (0.754)
Control variables	Yes	Yes	Yes	Yes	Yes	Yes
Industry FE	Yes	Yes	Yes	Yes	Yes	Yes
Year FE	Yes	Yes	Yes	Yes	Yes	Yes
N	1 634	1 634	1 755	1 755	627	627
Adj. R^2	0.0114	0.0148	0.0461	0.0415	0.0151	0.0144

注：***、** 分别表示在1%、5%水平上显著；括号内数据为t值。

7.4.2　威慑效应是否存在

当目标企业受到环境处罚时，它可以给同一地区的其他企业发送出“威胁信号”。随着目标企业受到环境罚的次数越来越多，自然也会给同一地区的其他企业释放出更多的“威胁”信号。地区内的其他企业也可以相应了解到环境违法行为所导致的经济后果（Wang et al.，2019）。因此，为了获得生存的合法性，同一地区的其他企业也会有更强的动机去采取实质性的环保行动，从而削弱其从事“漂绿”活动的动机（Ruiz-Blanco et al.，2021）。如果目标企业受到环境处罚后同一地区其他企业的“漂绿”行为显著减少，就证明威慑效应存在。为了考察威慑效应是否存在，本章构造了一个新的变量GW_Peer，该变量等于同一省份其他企业“漂绿”程度的年度均值（不包括目标企业本身）。表7-11列示的结果表明，环境处罚存在威慑效应，即对目标企业的环境处罚会显著抑制地区内其他企业的“漂绿”行为。

表 7-11　　威慑效应检验结果

Variable	(1)	(2)
	GW_Peer_{t+1}	GW_Peer_{t+1}
Penalty	-0.0248 ** (-2.401)	
Penalty_count		-0.0047 *** (-5.426)
Control variables	Yes	Yes
Industry FE	Yes	Yes
Year FE	Yes	Yes
N	4 039	4 039
Adj. R^2	0.0075	0.0115

注：***、** 分别表示在 1%、5% 水平上显著；括号内数据为 t 值。

7.5　实证结果分析

本章以 2014~2020 年 A 股重污染行业上市公司为研究对象，实证检验了环境处罚对企业“漂绿”行为的影响，进一步研究了公司层面特征，包括财务冗余、内部控制以及政治关联，在环境处罚与“漂绿”关系形成过程中的调节作用。

与合法性理论的预期一致，结果证实环境处罚能够显著抑制企业的“漂绿”行为。该结论与现有文献研究结论相一致，即环境规制，特别是惩罚性的环境规制可以鼓励企业采取实质性的环保行动，如增加环保投资、开展绿色技术创新活动、增加企业慈善捐款、履行更多的环境责任实践并改善环境质量（Wang et al. , 2019；Wu et al. , 2021；Habib and Bhuiyan, 2017；Li et al. , 2023）。因此，环境处罚在规范企业环境行为方面的积极作用得到了验证。

考虑公司层面的调节因素，研究结果表明，财务冗余会强化环境处罚对“漂绿”的负向影响。据此，财务冗余与环境处罚的交互作用对抑制企业

"漂绿"行为的积极影响得到验证，这也与已有研究结论相一致（Zhang et al.，2020；Xu et al.，2014；Symeou et al.，2019）。该结论可以从企业自身角度为如何避免企业的"漂绿"行为提供思路。

此外，企业建立有效的内部控制体系也同样重要，因为环境处罚对"漂绿"的抑制作用在内部控制较好的企业中也更加显著。该研究结果也与已有研究相似，企业拥有较高的内部控制质量可以有效规范企业自身行为，并减少企业环境违规现象的出现（Wang et al.，2018；Huang et al.，2022）。同样，该结论也可以为如何减少企业的"漂绿"行为提供借鉴。

已有研究发现，政治关联可以为企业提供庇护，从而导致一些寻租行为出现，包括挤出绿色创新投资并从事对环境有害的活动等（罗喜英和刘伟，2019；Muttakin et al.，2018；Zhang et al.，2022；Chen et al.，2011）。但是，本章得到的结论与这些研究结论相反，本章研究结果表明，环境处罚对"漂绿"的负向影响会因政治关联而得到强化。也就是说，有政治关联的企业会采取恰当的环保行动来满足政府以及其他利益相关者的要求，从而与政府建立良好的关系。因此，政治关联在阻止企业从事环境破坏行为方面发挥了积极作用，这也可以为如何有效减少企业"漂绿"行为提供有益的启示。

7.6　本章小结

本章继续以2014～2020年A股重污染行业上市公司为研究对象，研究环境处罚对企业"漂绿"行为的影响，进一步研究公司层面的特征变量，包括财务冗余、内部控制和政治关联，对两者关系形成的调节作用。结果表明，环境处罚能够有效抑制企业的"漂绿"行为。此外，环境处罚对"漂绿"的抑制作用在拥有更多冗余财务资源、内部控制更有效以及存在政治关联的企业中更为显著。进一步分析发现，环境处罚对处于成长期和成熟期企业的"漂绿"行为有负向影响，但对处于衰退期的企业没有影响，而且环境处罚存在威慑效应。

| 第8章 |

环境处罚对企业绿色技术创新的影响研究

8.1 理论分析与研究假设提出

8.1.1 环境处罚对绿色技术创新的影响

根据利益相关者理论，政府、员工、客户、媒体、非营利性的环保组织以及社区公民等利益相关者都会对企业的生存和发展产生重大影响（Freeman，1984）。不能满足利益相关者期望的企业将会面临一系列严重的后果，如财务损失、声誉受损、公司市值下跌，甚至破产等（Shevchenko，2021；Bansal，2005）。因此，企业必须在决策过程中充分考虑利益相关者的利益，采取实质性环保行动来回应利益相关者的期望，并与关键利益相关者建立稳固的关系，以此为公司带来经济效益，并形成长期竞争优势（Sarkis et al.，2010；Wagner and Schaltegger，2004；Tatoglu et al.，2019）。

在所有利益相关者中，政府在规范企业的环境行为方面发挥着至关重要的作用（Henriques and Sadorsky，1996；Zhu and Sarkis，2007；Andreou and Kellard，2020；Wiesmeth，2020；del Brío and Junquera，2003；Lin et al.，2022）。通过实施环境规制，一方面，政府可以响应公众对环境治理的诉求；另一方面，政府可以规范企业环境行为，从而改善环境质量。从采用的措施来看，政府可以采用处罚性和激励性措施来强制要求企业遵守环境法规，其中，处罚性措施通过对企业的环境违法违规行为进行处罚，可以有效确保企业遵守环境法律法规（Bansal，2005）。

企业受到环境处罚意味着企业没有遵守环境法律法规，也没有达到利益相关者的期望（Xiong et al.，2021）。根据利益相关者理论，此时，企业应采取适当的环境行动来满足利益相关者的期望，以维持其生存所需的合法性（Qin et al.，2019）。任等（Ren et al.，2022）发现政府施加的强制性监管压力可促使企业采取实质性的环保行动，从而有效提升环境质量。哈比卜和布惠扬（2017）认为处罚性环境监管可以促使企业遵守环境法规的要求。拉曼纳坦等（2014）研究发现，企业出于对受到环境处罚的恐惧会促使企业采取积极措施来提升环境绩效。整体而言，环境规制会对企业的环境行为有约束作用。因此，当企业受到环境处罚时，企业很可能会采取实质性的环保行动作为响应策略，据此提高绿色技术创新投入（Andreou and Kellard，2020）。根据上述分析，提出本章第一个假设：

H8－1：环境处罚会显著促进企业绿色技术创新。

8.1.2　环境处罚和环保补助的互补效应

当前政府通常会同时采取不同的环境规制工具来共同影响企业环境行为（Chen et al.，2020；Greco et al.，2022）。例如，政府会同时采取处罚性措施（如环境处罚）和激励性措施（如环保补助）来共同影响企业的环境行为。因此，对企业环境行为的影响并非来自单一环境规制工具的结果，而是环境规制工具组合后共同作用的结果。一方面，根据利益相关者理论，因环境违法行为而受到处罚的企业更有可能采取实质性的环保行动（即参与更高水平的企业绿色技术创新）作为回应，以满足政府的要求并确保其能够获得生存所需的合法性（Qin et al.，2019）。学者们的已有研究表明，环境处罚对企业的环境行为有积极影响，从而有效提高环境质量（Habib and Bhuiyan，2017；Ramanathan et al.，2014；Ren et al.，2022）。另一方面，资源的稀缺和激励的缺失是制约企业开展绿色技术创新活动的主要原因（Manso，2011）。基于资源基础理论（RBV），企业获得较多环保补助有助于企业清除由于资源约束和绿色技术创新激励不足产生的障碍，因为环保补助能够为绿色技术创新带来宝贵的资金支持（Tariq，Badir，Tariq，et al.，2017）。已有研究也证实了环保补助对企业绿色技术创新的积极作用（Bai et al.，2019；Huang et al.，2019；Xie et al.，2019；Hu et al.，2021）。

考虑到环境处罚和环保补助都能对企业绿色技术创新产生积极影响，同时采取两项环境规制工具后，其共同影响应该高于单一环境规制工具对企业绿色技术创新的影响。如果证实两项环境规制工具组合的共同作用高于单一环境规制工具的作用，即 1 +1 >2，则此时环境规制工具的交互作用可以称为互补效应。部分已有研究也证实了互补效应的存在。科斯坦蒂尼等（Costantini et al.，2017）发现，由需求拉动型和技术推动型构成的政策组合会对生态创新产生积极影响。江等（Jiang et al.，2021）研究发现，环境管理体系认证与强制性环境规制之间存在互补效应。格雷科等（Greco et al.，2022）发现，一般创新和不同政策工具组合对生态创新过程有积极影响，无论是从短期还是长期来看，其影响都要大于单一的一般创新政策工具对生态创新的影响。于、徐、张和孙（Yu，Xu，Zhang，and Sun，2022）认为绿色创新补贴和碳税的混合使用可以形成促进企业绿色创新的协同效应。鉴于上述理论和证据，提出本章第二个假设：

H8 -2a：环境处罚和环保补助的共同作用会对企业绿色技术创新产生互补效应，即随着环境补助的增加，环保处罚对企业绿色技术创新的促进作用将增强。

8.1.3 环境处罚和环保补助的替代效应

除了互补效应外，不加区分地增加环境政策工具可能会削弱政策组合的效果（Costantini et al.，2017）。这是因为不同的环境规制工具在适用范围、适用目标、时间安排以及操作和实施过程方面各不相同，不加区分地增加政策工具可能导致横向层面上环境政策协调的失败，从而阻碍政策整体目标的实现（Weber and Rohracher，2012；Schot and Steinmueller，2018）。

利益相关者理论和资源基础理论均可以用来解释环境处罚和环保补助之间的替代效应。根据利益相关者理论，当政府只采取环境处罚这一规制工具时，企业受到环境处罚后，为了获得生存合法性，企业会增加绿色技术创新。根据资源基础理论，当政府只采取环保补助这一环境规制工具时，企业获得政府的环保补助后，这种额外的资源支持会对企业绿色技术创新产生积极影响。但是，当企业同时获得环境处罚和环保补助时，两者之间可能会存在相互抵销的效应。例如，如果一家公司受到环境处罚的频次增加，那么该公司获得环保补助的可能性就会降低，从而削弱环保补助对企业绿色技术创新的积极影响。同样，如果一家公司获得越来越多的环保补助，那么它面临环境处罚的可能性就会降低，自然也会降低环境处罚对企业绿色技术创新的积极影响。

当然，在某些特殊情况下，企业同时受到环境处罚和获得环保补助也是可能的，此时，企业更倾向于将更多的资源用于环保投资而不是创新活动，以此来满足政府的期待（Xu et al.，2016）。其中的原因在于，企业开展绿色技术创新活动通常面临较高的风险、较长的开发周期以及实现绿色技术创新带来的环境和经济效益时间过长等问题（Ren et al.，2022；Adams et al.，2016；Wang et al.，2021），而环保投资的整体风险相对较低，并且能够对环境质量产生立竿见影的积极影响。因此，从迎合政府的角度出发，综合成本和收益角度的衡量后，企业会更倾向于选择增加环保投资，从而降低对企业绿色技术创新的投入，两者之间存在挤出效应。另外，根据代理理论，管理者在自利动机的驱使下，自动会将有限的资源分配到能产生短期私人利益的领域，而非创造长期社会效益的领域（Preston and O' Bannon，1997；Roychowdhury，2006；Ball et al.，2018）。当企业能够同时获得环境效益和社会效益，企业高管的理性选择是重视环保投资，而不是绿色技术创新投资。这是因为，对绿色创新的投资虽然能够产生社会效益，但同时也伴随着更高的风险。与此相反，环保投资对个人的职业晋升更为有益，可以有效满足管理层的私利动机。因此，在同时获得环境处罚和环保补助后，在资源有限的前提下，企业高管会选择增加环保投资作为回应，从而导致企业绿色技术创新的投入进一步降低。总之，从迎合政府期望和管理层的机会主义角度来看，环境处罚和环保补助的共同作用可能会削弱企业绿色技术创新的动机（Preston and O' Bannon，1997；Farag et al.，2015）。

以往的相关研究也证实了不同环境规制工具之间存在替代效应。格雷科等（2022）研究发现，与单独的环境规制工具相比，跨工具政策组合（一般创新政策和环境政策组合）在短期和长期内都不会对绿色创新产生积极的影响。张等（Zhang et al.，2023）指出，在中国同时实施创新型城市试点政策和低碳城市试点政策会对绿色技术创新产生挤出效应。因此，环境处罚和环保补助在促进企业绿色技术创新方面也可以发挥替代作用。据此，针对第二个假设，提出本章另一个竞争性假设：

H8－2b：环境处罚和环保补助的共同作用会对企业绿色技术创新产生替代效应，即随着环保补助的增加，环境处罚对企业绿色技术创新的促进作用将减弱。

8.2 研究设计

8.2.1 样本选取和数据来源

重污染企业更容易受到环境处罚和获得环保补助（Cai et al.，2020）。因此，本章继续选择沪深两市的重污染行业作为研究对象，具体参照中国证监会2012年发布的《上市公司环境信息披露指引》，最终确定了16个重污染行业。考虑到2014年对《中华人民共和国环境保护法》进行了重大修订，其中对企业的环境行为作出了更严格的规定（Jin et al.，2020），据此，将研究期间确定为2014～2020年。此外，在样本筛选方面剔除了ST和*ST公司、资产负债率大于1的样本以及数据缺失的样本。经过上述筛选程序后，最终样本由4 747个公司－年度观测值组成。

本章所使用的数据来源于三个数据库。环境处罚数据来自公众环境研究中心，这是一家提供企业环境污染详细信息的非营利性环保组织。其收集的企业环境处罚数据来源于多个权威渠道，包括中央和地方环保部门的官方网站、网络和纸质媒体的新闻报道、企业的社会责任报告、可持续发展报告、ESG 报告以及上市公司的官方网站。因此，IPE 可以提供权威的环境处罚数据，同时，这些数据也在学术研究中被广泛采用（Lo et al.，2018）。本章所需企业绿色技术创新和环保补助数据来源于 CNRDS，其余变量数据来源于 CSMAR。

8.2.2　变量定义

8.2.2.1　被解释变量

由于准确衡量出企业绿色研发投入强度的难度较大，因此，大部分研究都是从产出角度来衡量企业绿色技术创新的程度（Zhang et al.，2022；Hu et al.，2022；Arena et al.，2018）。参考李等（Li et al.，2022）和全等（Quan et al.，2023）的研究，本章采用绿色专利的申请数量来反映企业绿色技术创新水平。CNRDS 数据库从国家知识产权局收集企业绿色技术创新数据。绿色专利是根据世界知识产权组织发布的分类标准来确定的。与任等（Ren et al.，2022）和全等（Quan et al.，2023）的方法类似，本章使用申请年份而不是授权年份来衡量绿色专利的数量，从而更准确地反映创新开始的时间。由于绿色专利数据具有右偏特点，本章使用绿色专利的申请量加 1 取自然对数作为企业绿色技术创新的代理变量（Quan et al.，2023）。

8.2.2.2　解释变量

本章从两个维度测量环境处罚（Shevchenko，2021；Abebe and Acharya，2022）：第一个维度是企业是否受到环境处罚（Penalty），如果上市公司或其关联子公司在某一年因环境不当行为受到处罚，则该变量取 1，否则取 0；第二个维度是企业受到环境处罚的总频次（Penalty_count），用上市公司及其关联子公司在某一年份受到环境处罚的总次数来衡量。

8.2.2.3 调节变量

环保补助是指政府为支持企业开展绿色活动和促进可持续发展而提供的资金（Hu et al.，2021；Li et al.，2022）。一般情况下，上市公司会在财务报表附注中披露环保补助的详细信息（Xie et al.，2019；Duan et al.，2022）。参照胡等（Hu et al.，2021）和连等（Lian et al.，2022）的做法，本章使用企业从政府获得的环境补助总额来代表环保补助。考虑企业规模差异的影响，最终使用环境补助总额除以企业总资产作为环保补助的代理变量（EnvSubsidy）。

8.2.2.4 控制变量

根据已有企业绿色技术创新影响因素的相关研究（Quan et al.，2023；Ren et al.，2022），本章首先控制了公司层面特征的影响，包括公司规模（Asset）、杠杆水平（Lev）、公司年龄（EstAge）、销售增长率（Growth）、资产利润率（ROA）、公司现金流（Cashflow）、代理成本（Cost）和研发投入（R&D）。本章也控制了公司治理特征的影响，包括董事会规模（Board）、独立董事占比（Independent）、股东结构（Balance）、第一大股东持股比例（Top1）以及两职合一（Dual）。此外，回归中还纳入了年份和行业固定效应。全部变量定义详见表8-1。在进行回归之前，所有连续型变量均在1%和99%的水平上进行缩尾处理以减小异常值的影响。

表8-1　　变量定义

变量类型	符号	变量测度
被解释变量	CEI	企业绿色专利的申请数量+1再取自然对数
解释变量	Penalty	虚拟变量，如果公司及其附属公司特定年份受到环境处罚，则取值为1，否则为0
	Penalty_count	公司及其关联子公司在特定年份受到处罚的总次数
	EnvSubsidy	环保补助金额/总资产

续表

变量类型	符号	变量测度
控制变量	Asset	总资产的自然对数
	Lev	负债/资产
	EstAge	公司成立年数的自然对数
	Growth	（本年营业收入 - 上年营业收入）/上年营业收入
	ROA	净利润/总资产
	Cashflow	经营活动的现金净流量/总资产
	Cost	管理费用/营业收入
	R&D	研发投入/营业收入
	Board	董事会总人数
	Independent	董事会中独立董事的比例
	Balance	第一大股东持股比例/第二股东持股比例
	Top1	第一大股东持股比例
	Dual	虚拟变量，如果 CEO 和董事长是同一个人，则取值为 1，否则为 0

8.2.3　模型构建

为了检验环境处罚对绿色技术创新的影响，本章构建了模型（8 - 1）。在模型（8 - 1）中，角标 i 和 t 分别代表企业和年份。η_j 和 γ_t 分别表示行业和年份固定效应。ε_{it} 为随机扰动项。环境规制工具对企业绿色技术创新的影响可能需要一段时间才能体现出来，因此，在模型构建时也要考虑这种滞后效应。分别检验环境处罚对第 t 期、第 t + 1 期和第 t + 2 期绿色技术创新的影响，具体如模型（8 - 1）所示。角标 n 表示企业绿色技术创新的时滞（n = 0,1,2）。

$$CEI_{i,t+n} = \beta_0 + \beta_1 EP_{i,t} + \sum_{j=1}^{k} \beta_j Controls_{i,t} + \eta_j + \gamma_t + \varepsilon_{it} \tag{8-1}$$

本章使用函数 f 来表示变量 X 和 Y 之间的关系，其中，f(X,Y) 为不同 X 和 Y 水平下的产出，H 和 L 则分别表示水平的高或者低。例如，X_H(X_L) 表示较高水平的 X(较低水平的 X)，而 Y_H(Y_L) 则表示较高水平的

Y(较低水平的 Y)。根据米尔格罗姆和罗伯茨（Milgrom and Roberts，1995）、奥等（Oh et al.，2018）和维韦斯（Vives，1990）的定义，可以进一步通过如下关系来确定 X 和 Y 之间是互补效应还是替代效应：

当 f(X_H,Y_H) - f(X_L,Y_H) > f(X_H,Y_L) - f(X_L,Y_L) 时，则为互补效应。互补效应如图 8-1 所示。

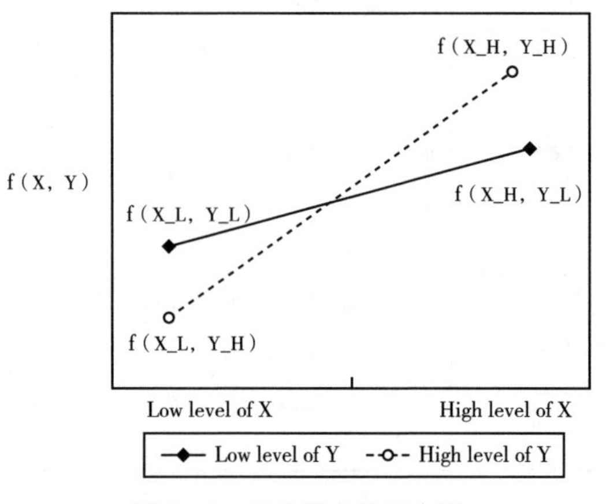

图 8-1　互补效应的概念图

当 f(X_H,Y_H) - f(X_L,Y_H) < f(X_H,Y_L) - f(X_L,Y_L) 时，则为替代效应。替代效应如图 8-2 所示。

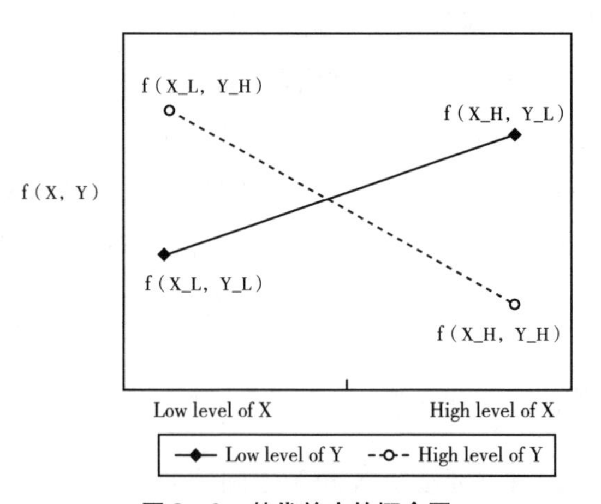

图 8-2　替代效应的概念图

同理，环境处罚（EP）和环保补助（ES）对绿色技术创新（CEI）究竟是互补效应还是替代效应可以通过以下关系来定义：

互补效应：f(EP_H,ES_H) - f(EP_L,ES_H) > f(EP_H,ES_L) - f(EP_L,ES_L)。

替代效应：f(EP_H,ES_H) - f(EP_L,ES_H) < f(EP_H,ES_L) - f(EP_L,ES_L)。

其中，EP_H(EP_L) 代表较高（较低）水平的环境处罚，ES_H(ES_L) 代表较高（较低）水平的环保补助，f(EP,ES) 表示 EP 与 ES 相互作用的结果，即绿色技术创新（CEI）。

本章参考奎瓦斯 - 罗德里格斯等（Cuevas-Rodríguez et al.，2014），德尔加多 - 韦尔德等（Delgado-Verde et al.，2021），奥等（2018）和夏和王（Xia and Wang，2021）的做法，通过构建模型（8 - 2）来检验环境处罚和环保补助对企业绿色技术创新的交互影响。同样地，本章也研究了环境处罚和环保补助的交互作用对第 t 年、第 t + 1 年和第 t + 2 年企业绿色技术创新的影响。为避免多重共线性的影响，先将交互项进行去中心化处理后再加入模型。

模型（8 - 2）中的系数β_1、β_2和β_3为重点关注对象。当β_1、β_2和β_3均为正值时，表明存在互补效应和正向调节效应；如果β_1和β_2都是正数，但β_3为负数，则表明存在替代效应，即特殊的负调节效应。

$$CEI_{i,t+n} = \beta_0 + \beta_1 EP_{i,t} + \beta_2 ES_{i,t} + \beta_3 EP_{i,t} \times ES_{i,t} + \sum_{j=1}^{k} \beta_j Controls_{i,t} + \eta_j + \gamma_t + \varepsilon_{it} \tag{8-2}$$

8.3　回归结果

8.3.1　描述性统计

表 8 - 2 列示了所有变量的描述性统计结果。企业绿色技术创新（CEI）的平均值为 0.933，表明平均每个企业绿色专利申请的数量为 1.542 项。

Penalty 的平均值为 0.211，表明样本中有 21.1% 的企业受到过环境处罚。Penalty_count 的平均值为 1.393，表明样本中企业平均每年受到 1.393 次环境处罚。此外，Penalty_count 的平均值与中位数之间的差异较大，表明不同企业受到环境处罚的频次存在较大差异。EnvSubsidy 的平均值为 0.011，表明环保补助只占企业资产的一小部分，政府环保补助的金额有较大提升空间。

表 8－2　　描述性统计结果

Variable	N	Mean	SD	Median	Min	Max
CEI	4 747	0.933	1.124	0.693	0	4.836
Penalty	4 747	0.211	0.408	0	0	1
Penalty_count	4 747	1.393	4.427	0	0	35
EnvSubsidy	4 747	0.011	0.049	0	0	0.724
Asset	4 747	22.29	1.280	22.09	19.94	26.37
Lev	4 747	0.389	0.194	0.369	0.0420	0.952
EstAge	4 747	2.930	0.275	2.957	2.041	3.527
Growth	4 747	12.30	25.82	9.200	-55.52	187.5
ROA	4 747	4.572	5.650	4.090	-20.08	21.92
Cashflow	4 747	0.062	0.062	0.060	-0.128	0.249
Board	4 747	8.635	1.702	9	5	15
Independent	4 747	0.372	0.0510	0.333	0.286	0.571
Balance	4 747	9.036	14.75	3.924	1.003	151.1
Top1	4 747	35.29	14.44	33.40	8.448	79.40
Dual	4 747	0.272	0.445	0	0	1
Cost	4 747	0.079	0.050	0.069	0.006	0.364
R&D	4 747	3.174	2.634	3.010	0.0300	17.38

8.3.2　相关性分析

表 8－3 报告了主要变量的 Pearson 相关系数检验结果。是否受到环境处

罚（Penalty）与企业绿色技术创新（CEI）之间显著正相关。环境处罚频次（Penalty_count）与企业绿色技术创新（CEI）之间也为显著正相关关系。然而，环保补助与企业绿色技术创新之间为负相关关系，且不具有统计意义上的显著性，因此，关于环境处罚与环保补助的交互作用对绿色技术创新的影响还需要深入研究。

表8－3　主要变量相关性检验结果

Variable	CEI	Penalty	Penalty_count	EnvSubsidy
CEI	1			
Penalty	0.291***	1		
Penalty_count	0.313***	0.609***	1	
EnvSubsidy	-0.008	0.065***	0.090***	1

注：*** 表示在1%水平上显著。

8.3.3　基准回归结果

8.3.3.1　环境处罚对绿色技术创新的影响

环境处罚对绿色技术创新影响的回归结果如表8－4所示。第（1）列中，是否受到环境处罚（Penalty）与绿色技术创新（CEI）显著正相关。同样，在第4列中，环境处罚频次（Penalty_count）与绿色技术创新（CEI）也显著正相关。值得注意的是，企业受到环境处罚后增加绿色专利申请数量可能具有时间上的滞后性。第（2）列和第（3）列以及第（5）列和第（6）列的回归结果表明，环境处罚对绿色技术创新的积极影响在第t+1年和第t+2年持续存在，也支持了这一观点。进一步来看，环境处罚对绿色技术创新的积极影响会随着时间的推移而不断增强。这些结果共同支持了H8－1，表明环境处罚能够促进企业进行绿色技术创新。

表 8-4　环境处罚对绿色技术创新的影响

Variable	(1)	(2)	(3)	(4)	(5)	(6)
	CEI_t	CEI_{t+1}	CEI_{t+2}	CEI_t	CEI_{t+1}	CEI_{t+2}
Penalty	0.1393*** (3.359)	0.1860*** (3.905)	0.2419*** (4.239)			
Penalty_count				0.0174*** (4.440)	0.0213*** (4.682)	0.0291*** (5.929)
Asset	0.4267*** (26.805)	0.4149*** (22.100)	0.4014*** (17.666)	0.4187*** (26.195)	0.4046*** (21.183)	0.3833*** (16.673)
Lev	0.0531 (0.556)	0.1538 (1.349)	0.1405 (1.038)	0.0580 (0.610)	0.1653 (1.459)	0.1573 (1.177)
EstAge	-0.3799*** (-7.205)	-0.4415*** (-7.190)	-0.4634*** (-6.258)	-0.3651*** (-6.991)	-0.4207*** (-6.906)	-0.4420*** (-6.042)
Growth	0.0005 (0.848)	0.0013* (1.921)	0.0026*** (2.871)	0.0005 (0.825)	0.0013* (1.840)	0.0025*** (2.877)
ROA	-0.0039 (-1.210)	0.0002 (0.049)	-0.0027 (-0.588)	-0.0033 (-1.031)	0.0011 (0.284)	-0.0015 (-0.332)
Cashflow	-0.1205 (-0.494)	-0.1518 (-0.530)	0.0159 (0.047)	-0.1422 (-0.585)	-0.1898 (-0.664)	-0.0413 (-0.124)
Board	0.0157 (1.395)	0.0164 (1.275)	0.0194 (1.291)	0.0156 (1.394)	0.0162 (1.264)	0.0187 (1.266)
Independent	0.2347 (0.752)	0.1291 (0.360)	0.2961 (0.678)	0.2148 (0.689)	0.0951 (0.266)	0.2352 (0.542)
Balance	-0.0018* (-1.786)	-0.0013 (-1.075)	-0.0020 (-1.570)	-0.0016 (-1.599)	-0.0010 (-0.855)	-0.0015 (-1.266)
Top1	-0.0004 (-0.379)	-0.0003 (-0.260)	-0.0008 (-0.479)	-0.0006 (-0.504)	-0.0005 (-0.354)	-0.0009 (-0.569)
Dual	-0.1392*** (-4.892)	-0.1570*** (-4.700)	-0.1338*** (-3.317)	-0.1411*** (-4.972)	-0.1594*** (-4.794)	-0.1371*** (-3.422)
Cost	-1.5094*** (-4.955)	-1.6116*** (-4.186)	-2.4449*** (-5.334)	-1.5248*** (-5.001)	-1.6303*** (-4.235)	-2.4536*** (-5.379)

续表

Variable	(1)	(2)	(3)	(4)	(5)	(6)
	CEI_t	CEI_{t+1}	CEI_{t+2}	CEI_t	CEI_{t+1}	CEI_{t+2}
RD	0.0309 *** (4.933)	0.0363 *** (4.378)	0.0572 *** (5.310)	0.0301 *** (4.822)	0.0350 *** (4.255)	0.0555 *** (5.203)
_cons	-7.9318 *** (-19.882)	-7.4713 *** (-15.967)	-6.9910 *** (-12.273)	-7.7958 *** (-19.749)	-7.2943 *** (-15.620)	-6.6425 *** (-11.754)
Industry FE	Yes	Yes	Yes	Yes	Yes	Yes
Year FE	Yes	Yes	Yes	Yes	Yes	Yes
N	4 747	3 712	2 787	4 747	3 712	2 787
Adj. R^2	0.3539	0.3376	0.3196	0.3555	0.3398	0.3248

注：***、* 分别表示在 1%、10% 水平上显著；括号内数据为 t 值。

8.3.3.2　环境处罚和环保补助的交互作用对企业绿色技术创新的影响

表 8-5 列示了环境处罚和环保补助的交互作用对企业绿色技术创新影响的回归结果。环境处罚（Penalty）和环保补助（EnvSubsidy）对企业绿色技术创新（CEI）的影响均在 1% 的水平上为正，但交互项（Penalty × EnvSubsidy）显著为负。结果表明，在鼓励企业绿色技术创新方面，环境处罚和环保补助之间存在替代作用而非互补作用。斜率检验也表明，当环保补助（EnvSubsidy）较低时，环境处罚（Penalty）与企业绿色技术创新（CEI）之间为正相关关系（斜率 = 0.171，$p < 0.01$），但当环保补助（EnvSubsidy）较高时，环境处罚（Penalty）斜率变为负（斜率 = -1.501，$p < 0.01$）。图 8-3 绘制了环境处罚和环保补助的交互作用对企业绿色技术创新的影响。从图中可以看出，当企业获得高水平的环保补助时，环境处罚并不能显著促进企业绿色技术创新。

表 8-5 中第（2）列显示了相似的结果。环境处罚频次（Penalty_count）和环保补助（EnvSubsidy）都能对企业绿色技术创新（CEI）产生显著影响。但交互项（Penalty_count × EnvSubsidy）的系数在 5% 水平上显著为负。结果

证明，环境处罚频次和环保补助在促进企业绿色技术创新方面存在替代效应。斜率检验表明，当环保补助（EnvSubsidy）较低时，环境处罚频次（Penalty_count）与企业绿色技术创新（CEI）之间为显著正相关关系（斜率 = 0.021，$p < 0.01$），但当环保补助（EnvSubsidy）较高时，环境处罚频次（Penalty_count）斜率变为负（斜率 = −0.060，$p < 0.1$）。图 8 − 4 绘制了环境处罚频次和环保补助的交互作用对企业绿色技术创新的影响。从图中可以看出，增加环境处罚频次并不能增强环保补助对企业绿色技术创新的促进作用。

综合两部分回归结果，证明环境处罚和环保补助在促进企业绿色技术创新方面存在替代效应而非互补效应。当企业获得少量环保补助（或受到较少环境处罚）时，环境处罚（环保补助）会对企业绿色技术创新产生积极影响。但是当环境处罚（或环保补助）的数量增加时，会削弱环保补助（环境处罚）对企业绿色技术创新的积极影响。因此，H2b 得到支持，H2a 被拒绝。

在控制变量方面，本章研究结果与已有研究结果相似（Quan et al.，2023）。本章发现公司规模（Asset）对企业绿色技术创新（CEI）有显著正向影响，即拥有更多可用资源的企业在企业绿色技术创新方面往往表现更好（Xie et al.，2019）。研发投资（R&D）也对企业绿色技术创新（CEI）有显著正向影响，表明研发活动投资越多，越有可能产生绿色专利（Bai et al.，2019）。此外，股权集中度（Balance）、两职合一（Dual）和代理成本（Cost）等因素都会对企业绿色技术创新产生显著的负向影响。这在一定程度上证实了当企业拥有完善的治理结构，其在绿色技术创新方面的表现更好（Quan et al.，2023）。其余控制变量对企业绿色技术创新没有显著影响。

考虑到不同环境规制工具组合对企业绿色技术创新的替代效应可能需要一段时间才能显现，本章也研究了环境处罚和环保补助对企业绿色技术创新的替代效应是否在第 $t+1$ 期和第 $t+2$ 期仍然存在。表 8 − 5 中第（3）~ 第（6）列列示了相关结果。结果表明，环境处罚和环保补助对企业绿色技术创新的替代效应在第 $t+1$ 期和第 $t+2$ 期仍然存在，具有持续性。

表8-5　　环境处罚和环保补助的交互作用对企业绿色技术创新的影响

Variable	(1)	(2)	(3)	(4)	(5)	(6)
	CEI_t	CEI_t	CEI_{t+1}	CEI_{t+1}	CEI_{t+2}	CEI_{t+2}
Penalty	0.1712*** (4.043)		0.2312*** (4.769)		0.2902*** (4.929)	
EnvSubsidy	1.0709*** (2.720)	0.7346** (2.023)	1.1270*** (3.368)	0.8331*** (2.641)	0.8321** (2.328)	0.5350* (1.651)
Penalty × EnvSubsidy	-2.3105*** (-3.553)		-2.8417*** (-5.390)		-2.3368*** (-3.493)	
Penalty_count		0.0207*** (5.205)		0.0266*** (5.752)		0.0345*** (6.835)
Penalty_count × EnvSubsidy		-0.1110** (-2.397)		-0.1547*** (-6.634)		-0.1282*** (-3.713)
Asset	0.4299*** (27.070)	0.4193*** (26.262)	0.4197*** (22.411)	0.4058*** (21.241)	0.4066*** (17.901)	0.3842*** (16.690)
Lev	0.0416 (0.435)	0.0583 (0.614)	0.1369 (1.200)	0.1666 (1.474)	0.1219 (0.903)	0.1622 (1.219)
EstAge	-0.3779*** (-7.184)	-0.3641*** (-6.986)	-0.4375*** (-7.139)	-0.4176*** (-6.870)	-0.4572*** (-6.174)	-0.4382*** (-5.991)
Growth	0.0005 (0.852)	0.0005 (0.813)	0.0013* (1.869)	0.0012* (1.783)	0.0025*** (2.825)	0.0025*** (2.816)
ROA	-0.0038 (-1.200)	-0.0029 (-0.923)	0.0002 (0.060)	0.0016 (0.416)	-0.0026 (-0.549)	-0.0008 (-0.177)
Cashflow	-0.1248 (-0.513)	-0.1572 (-0.648)	-0.1501 (-0.525)	-0.2080 (-0.729)	0.0283 (0.084)	-0.0487 (-0.146)
Board	0.0153 (1.364)	0.0142 (1.273)	0.0158 (1.238)	0.0136 (1.071)	0.0186 (1.251)	0.0159 (1.077)
Independent	0.1848 (0.593)	0.1624 (0.522)	0.0538 (0.150)	0.0033 (0.009)	0.2172 (0.498)	0.1363 (0.314)
Balance	-0.0020* (-1.950)	-0.0018* (-1.783)	-0.0015 (-1.242)	-0.0013 (-1.095)	-0.0022* (-1.737)	-0.0018 (-1.499)

续表

Variable	(1)	(2)	(3)	(4)	(5)	(6)
	CEI_t	CEI_t	CEI_{t+1}	CEI_{t+1}	CEI_{t+2}	CEI_{t+2}
Top1	-0.0004 (-0.348)	-0.0006 (-0.501)	-0.0003 (-0.227)	-0.0004 (-0.330)	-0.0007 (-0.433)	-0.0008 (-0.525)
Dual	-0.1364*** (-4.796)	-0.1399*** (-4.928)	-0.1540*** (-4.607)	-0.1577*** (-4.742)	-0.1304*** (-3.227)	-0.1365*** (-3.401)
Cost	-1.4410*** (-4.778)	-1.4709*** (-4.864)	-1.5225*** (-3.966)	-1.5455*** (-4.050)	-2.2996*** (-5.059)	-2.3296*** (-5.162)
RD	0.0306*** (4.886)	0.0300*** (4.818)	0.0356*** (4.308)	0.0347*** (4.239)	0.0551*** (5.131)	0.0542*** (5.122)
Constant	-8.0150*** (-20.198)	-7.8117*** (-19.852)	-7.5878*** (-16.295)	-7.3181*** (-15.688)	-7.1217*** (-12.530)	-6.6575*** (-11.764)
Industry FE	Yes	Yes	Yes	Yes	Yes	Yes
Year FE	Yes	Yes	Yes	Yes	Yes	Yes
N	4 747	4 747	3 712	3 712	2 787	2 787
Adj. R^2	0.356	0.357	0.341	0.344	0.323	0.328

注：***、**、*分别表示在1%、5%、10%水平上显著；括号内数据为t值。

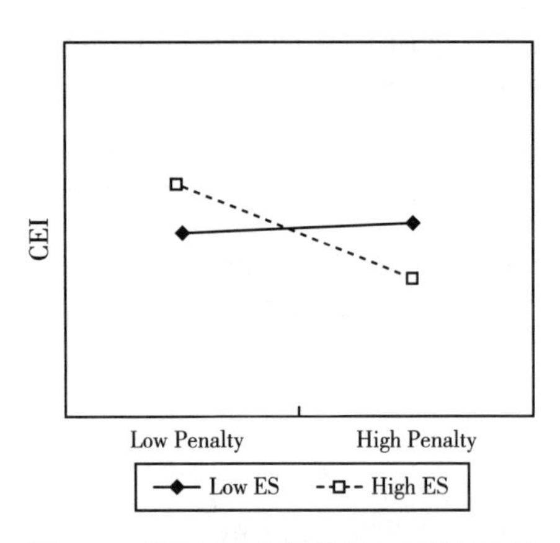

图8-3 是否受到环境处罚与环保补助的替代效应对绿色技术创新的影响

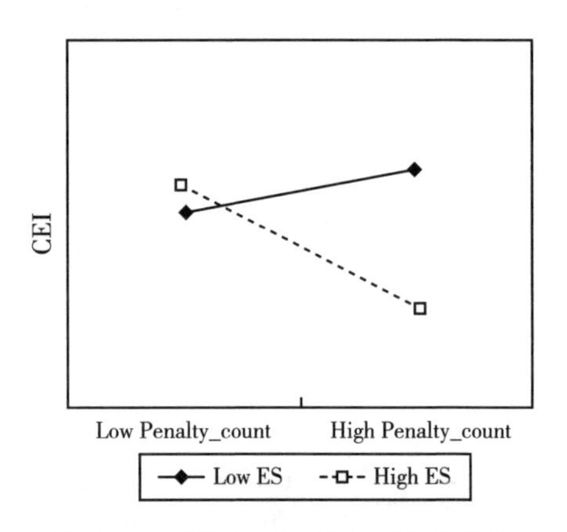

图8-4 环境处罚频次与环保补助的替代效应对绿色技术创新的影响

8.3.4　稳健性检验

8.3.4.1　替换被解释变量

除政府的监管压力外，企业绿色技术创新还可能受到同行业压力的影响（Yang et al.，2018）。虽然本章以重污染行业上市公司为样本，但不同重污染行业所面临的同行竞争压力也存在差异，因此，各行业对企业绿色技术创新的重视程度就可能不同。为了消除行业差异对企业绿色技术创新的影响，本章借鉴杜等（Du et al.，2017）和王等（Wang et al.，2021）的研究，构建企业绿色技术创新的替代变量（CEI_Ind），具体计算方法是用企业绿色技术创新水平减去行业年度企业绿色技术创新水平的均值。通过使用行业均值调整后的企业绿色技术创新作为替代衡量指标可以消除行业差异对企业绿色技术创新的特定影响。表8－6列出了回归结果，与已有结论保持一致。

表8－6　　　替换被解释变量回归结果

Variable	(1)	(2)
	CEI_Ind	CEI_Ind
Penalty	0.1719*** (4.066)	
Penalty_count		0.0213*** (5.365)
EnvSubsidy	1.0546*** (2.676)	0.7379** (2.027)
Penalty × EnvSubsidy	−2.2501*** (−3.472)	
Penalty_count × EnvSubsidy		−0.1110** (−2.434)
Control variables	Yes	Yes
Industry FE	Yes	Yes

续表

Variable	(1)	(2)
	CEI_Ind	CEI_Ind
Year FE	Yes	Yes
N	4 747	4 747
Adj. R^2	0. 282	0. 284

注：*** 、** 分别表示在1% 、5% 水平上显著；括号内数据为 t 值。

8. 3. 4. 2　研究样本调整

为确保回归结果的稳健性，本章参考杜等（Du et al. , 2017）的做法，根据样本企业在同一年度受到环境处罚的总频次进行5分位排序，只选择受到环境处罚最多和环境处罚最少的企业作为子样本来重新进行回归。根据表8-7列示的结果，本章主回归的结论依旧成立。

表8-7　　研究样本调整后的回归结果

Variable	(1)	(2)
	CEI	CEI
Penalty	0. 4038 *** (5. 266)	
Penalty_count		0. 0209 *** (4. 991)
EnvSubsidy	1. 0478 *** (2. 684)	0. 8430 ** (2. 183)
Penalty × EnvSubsidy	-3. 1939 *** (-3. 573)	
Penalty_count × EnvSubsidy		-0. 1147 ** (-2. 472)
Control variables	Yes	Yes
Industry FE	Yes	Yes
Year FE	Yes	Yes
N	4 077	4 077
Adj. R^2	0. 354	0. 351

注：*** 、** 分别表示在1% 、5% 水平上显著；括号内数据为 t 值。

8.3.4.3　倾向得分匹配法（PSM）

为了解决环境规制工具与企业绿色技术创新之间可能存在的内生性问题，本章也采用倾向得分匹配法。在第一阶段，参考全等（Quan et al.，2023）的做法，选择一系列协变量，包括模型（8-1）中使用到的所有控制变量，通过Logit模型计算出代表企业受到环境处罚的倾向性得分数。在第二阶段，采用最近邻匹配，根据计算出的倾向性得分将实验组（Penalty=1）与对照组（Penalty=0）进行无放回匹配，卡尺设为0.01。在第三阶段，使用匹配后的样本进行回归分析。结果如表8-8所示，本章结论依旧成立。

表8-8　PSM回归结果

Variable	(1)	(2)
	CEI	CEI
Penalty	0.1428*** (2.814)	
Penalty_count		0.0152** (2.373)
EnvSubsidy	0.3796 (0.707)	0.3558 (0.762)
Penalty × EnvSubsidy	-1.4678** (-2.119)	
Penalty_count × EnvSubsidy		-0.1613*** (-2.854)
Control variables	Yes	Yes
Industry FE	Yes	Yes
Year FE	Yes	Yes
N	1 585	1 585
Adj. R^2	0.322	0.323

注：***、**分别表示在1%、5%水平上显著；括号内数据为t值。

8.3.4.4 Heckman 两阶段分析法

环境规制工具对企业绿色技术创新的交互影响也可能存在选择偏差。为解决这一问题，本章采用 Heckman 两阶段模型进行回归。在第一阶段，采用 Probit 模型计算企业受到环境处罚的可能性，并得出逆米尔斯比率（IMR）。参考全等（Quan et al.，2023）的做法，Probit 模型包含了模型（8－1）中所使用的全部控制变量。此外，参考全等（Quan et al.，2023）的做法，本章构建两个新变量（Mean_Penalty1 和 Mean_Penalty2）作为工具变量。Mean_Penalty1 和 Mean_Penalty2 分别表示同一行业环境处罚数量的年度均值和同一省份环境处罚数量的年度均值。第一阶段的回归结果如表 8－9 中的第（1）列所示。在第二阶段，将 IMR 纳入模型并再次进行分析。第（2）列和第（3）列报告了相关回归结果，本章结论仍然成立。

表 8－9　　Heckman 两阶段分析法回归结果

Variable	(1)	(2)	(3)
	CEI	CEI	CEI
Mean_Penalty1	0.0995*** (4.641)		
Mean_Penalty2	0.0752*** (4.808)		
Penalty		0.1751*** (4.143)	
Penalty_count			0.0204*** (5.182)
EnvSubsidy		1.0814*** (2.751)	0.7421** (2.046)
Penalty × EnvSubsidy		−2.3413*** (−3.597)	
Penalty_count × EnvSubsidy			−0.1121** (−2.402)
IMR		0.2806*** (2.581)	0.2432** (2.237)

续表

Variable	(1)	(2)	(3)
	CEI	CEI	CEI
Control variables	Yes	Yes	Yes
Industry FE	Yes	Yes	Yes
Year FE	Yes	Yes	Yes
N	4 747	4 747	4 747
Pseudo R^2/Adj. R^2	0. 325	0. 357	0. 358

注：***、** 分别表示在1%、5%水平上显著；括号内数据为t值。

8.3.4.5　双重差分（DID）

为了进一步解决潜在的内生性问题，本章采用DID方法构建了一个准自然实验情景，以评估环境处罚和环保补助的交互作用对企业绿色技术创新的影响。参考陈等（Chen et al.，2021）、何等（He et al.，2022）和连等（Lian et al.，2022）的做法，本章根据企业首次受到环境处罚或获得环保补助的时间来构建模型。具体来说，构建两个新变量Penalty_dummy和EnvSubsidy_dummy。如果企业在第t年受到环境处罚，则第t年及其以后年份的Penalty_dummy均取值为1，否则为0。同样，如果企业在第t年获得环保补助，则第t年以及以后年份的EnvSubsidy_dummy均取值为1，否则为0。相关结果见表8－10。无论在第t年、第t+1年还是第t+2年，交互项（Penalty_dummy × EnvSubsidy_dummy）的系数始终为负，且分别在1%、5%和10%的水平上显著。因此，回归结果支持本章主要结论。

表8－10　　双重差分回归结果

Variable	(1)	(2)	(3)
	CEI_t	CEI_{t+1}	CEI_{t+2}
Penalty_dummy	0. 2092*** (4. 056)	0. 2582*** (4. 183)	0. 3312*** (4. 352)
EnvSubsidy_dummy	0. 0680** (2. 143)	0. 0704* (1. 919)	0. 0442 (1. 012)

续表

Variable	(1)	(2)	(3)
	CEI_t	CEI_{t+1}	CEI_{t+2}
Penalty_dummy × EnvSubsidy_dummy	-0.1689*** (-2.681)	-0.1619** (-2.175)	-0.1579* (-1.767)
Control variables	Yes	Yes	Yes
Industry FE	Yes	Yes	Yes
Year FE	Yes	Yes	Yes
N	4 747	3 712	2 787
Adj. R^2	0.3543	0.3379	0.3202

注：***、**、*分别表示在1%、5%、10%水平上显著；括号内数据为t值。

8.4 异质性分析

环境处罚和环保补助对企业绿色技术创新的替代作用还会受到其他因素的影响。本章将进一步探讨环境处罚和环保补助在哪些条件下会表现出更明显的替代效应。

8.4.1 产权性质的异质性影响

不同类型企业的所有权结构有较大差异（Ren et al.，2022）。企业产权性质反映了政府持有企业股份的比例有多少，如果政府持有企业多数的股份，则该企业为国有企业（Zhou et al.，2016）。由于国有企业与政府之间天然的联系，国有企业会面临更多的政府干预，也更重视政治和社会目标，如创造就业机会、慈善活动、保护员工的合法权益、产品和服务质量、有效利用自然资源及技术创新（Ren et al.，2022；Li et al.，2013）；相反，非国有企业受到的政府干预往往较少，并以经济利益最大化为首要目标。相比之下，尽管国有企业需要承担更多的社会责任，但它们也从政府那里获得了更多的补贴支持、银行贷款和行业许可，以更好地实现社会效益最大化的目标（Cai et al.，2020）。同时，与非国有企业相比，国有企业也面临着更大的压力，它们必须遵守环境法规以保持合法性（Ren et al.，2022；Xu et al.，2006）。因此，与非国有企业相比，国有企业更有可能受到环境处罚或获得环保补助，从而导致环境处罚和环保补助对企业绿色技术创新的替代效应更加显著。

本章采用分样本回归方法来研究产权性质差异的影响。按照全等（Quan et al.，2023）和连等（Lian et al.，2022）的方法，构建虚拟变量（SOE）作为产权性质的代理变量。当政府是企业的最终控股股东时，SOE 取 1，否则取 0。回归结果如表 8－11 所示。对于国有企业，交互项（Penalty × EnvSubsidy）的系数仍然为负，并且在 1% 的水平上显著，但对于非国有企业，回归结果系数并不显著。同样，在第（3）列和第（4）列中，交互项（Penalty_count × EnvSubsidy）的系数在国有企业中依然显著为负，但在非国有企业中，系数则不显著。以上结果表明，环境处罚和环保补助对企业绿色技术创新的替代效应在国有企业中更为显著。

表 8－11　　　　产权性质异质性分析回归结果

Variable	CEI		CEI	
	(1)	(2)	(3)	(4)
	SOE = 0	SOE = 1	SOE = 0	SOE = 1
Penalty	0.0794 (1.281)	0.1966*** (3.270)		
Penalty_count			0.0050 (0.625)	0.0192*** (4.174)
EnvSubsidy	1.2365** (2.085)	1.0857** (2.287)	0.6852 (1.167)	1.0547** (2.390)
Penalty × EnvSubsidy	−2.1918 (−1.456)	−1.9616*** (−2.882)		
Penalty_count × EnvSubsidy			0.00003 (0.001)	−0.1513*** (−4.551)

续表

Variable	CEI		CEI	
	(1)	(2)	(3)	(4)
	SOE = 0	SOE = 1	SOE = 0	SOE = 1
Control variables	Yes	Yes	Yes	Yes
Industry FE	Yes	Yes	Yes	Yes
Year FE	Yes	Yes	Yes	Yes
N	3 135	1 612	3 135	1 612
Adj. R^2	0. 214	0. 453	0. 212	0. 457

注：***、**、*分别表示在1%、5%、10%水平上显著；括号内数据为t值。

8.4.2 环境质量的异质性影响

地区环境质量可以反映一个特定区域内政府对环境问题的关注和承诺程度（Wang et al.，2021；Wang et al.，2021）。一般来说，环境质量较高的地区，地方政府往往会较多采取环境处罚和环保补助等环境规制工具来对企业施加更严格的监管压力（Cheng and Liu，2018），从而对企业的环保行为产生积极影响（Zeng et al.，2022；Cheng and Liu，2018；Zhou et al.，2021）。因此，与处于环境质量较差地区的企业相比，处于环境质量较好地区的企业受到环境处罚和获得环保补助的可能性更大，环境处罚和环保补助对企业绿色技术创新的替代效应也更为明显。

为了研究地区不同环境质量下环境处罚和环保补助对企业绿色技术创新的替代效应是否有所不同，本章参考王等（Wang et al.，2021）的做法采用空气质量指数（AQI）的年平均值作为地区环境质量的代理变量。2013 年以后，空气质量指数是通过计算六种污染物后综合得出的结果，包括二氧化硫（SO_2）、二氧化氮（NO_2）、小于 10 微米的颗粒物（PM10）、小于 2. 5 微米的颗粒物（PM2. 5）、一氧化碳（CO）和臭氧（O_3）。因此，空气质量指数是衡量地区整体环境质量的综合指标（Wang et al.，2021；Wang et al.，2021）。值得注意的是，根据《环境空气质量指数技术规定》（HJ633 –

2012），计算空气质量指数时，不是简单地将每种污染物合并在一起，而是将每种污染物都进行独立处理。空气质量指数值越高，代表地区空气质量越差。本章进一步根据空气质量指数的年度中位数将研究样本分为两组。表 8－12列示了回归结果。从第（1）列和第（2）列的结果来看，对于位于环境质量较好地区（AQI＝0）的企业，交互项（Penalty × EnvSubsidy）的系数为负，且在 1% 的水平上显著，但对于位于环境质量较差地区（AQI＝1）的企业来说，交互项的系数并不显著。第（3）列和第（4）列的结果与第（1）列和第（2）列的结果一致。这些结果共同表明，环境质量强化了环境处罚和环保补助对企业绿色技术创新的替代效应，即处于环境质量较好地区的企业，环境处罚和环保补助的替代效应更加明显。

表 8－12　　　　环境质量异质性分析回归结果

Variable	CEI		CEI	
	(1)	(2)	(3)	(4)
	AQI = 0	AQI = 1	AQI = 0	AQI = 1
Penalty	0. 1299 ** (2. 217)	0. 2048 *** (3. 365)		
Penalty_count			0. 0291 *** (3. 340)	0. 0150 *** (3. 275)
EnvSubsidy	1. 5996 *** (3. 491)	0. 4472 (0. 878)	1. 0257 ** (2. 183)	0. 3363 (0. 673)
Penalty × EnvSubsidy	－3. 3017 *** (－5. 706)	－1. 4016 (－1. 459)		
Penalty_count × EnvSubsidy			－0. 1475 *** (－3. 893)	－0. 0785 (－1. 159)
Control variables	Yes	Yes	Yes	Yes
Industry FE	Yes	Yes	Yes	Yes
Year FE	Yes	Yes	Yes	Yes
N	2 410	2 337	2 410	2 337
Adj. R^2	0. 301	0. 401	0. 303	0. 400

注：***、**、* 分别表示在 1%、5%、10% 水平上显著；括号内数据为 t 值。

8.4.3 市场化程度的异质性影响

市场化程度反映了一个地区从计划经济向市场经济过渡的程度（Li et al.，2022）。由于资源禀赋、政策因素和治理水平的不同，不同地区的市场化程度也大相径庭（Hitt and Xu，2016；Chan and Du，2022）。而地区的市场化程度又会对企业的经营决策产生影响。一般来说，处于市场化程度较高地区的企业，可以从较强的竞争压力、健全的法律制度、完善的知识产权保护制度、对政府的高度信任以及较低的政策不确定性中获得收益，从而使企业拥有更多进行长期投资的动力（Li et al.，2022；Lin et al.，2017）。此外，在市场化程度较高的地区，政府对企业运营的干预往往较少，对企业行为的限制也较少（Ren et al.，2022）。从这个意义上说，处于市场化程度较高地区的企业不太可能受到环境处罚或获得环保补助，从而削弱了环境处罚和环保补助对企业绿色技术创新的替代效应。

本章继续研究不同市场化程度下环境处罚和环保补助对企业绿色技术创新的替代效应是否存在差异。与已有研究一致，采用地区市场化指数得分来衡量市场化程度（MD）。市场化指数得分越高，表明地区的市场化水平越高（Li et al.，2022）。进一步根据市场化指数的年度中位数将整个样本分为两个子样本进行回归。相关结果见表 8 – 13。对于市场化程度较低的地区（MD = 0），交互项（Penalty × EnvSubsidy）的系数不具有统计意义上的显著性，而对于市场化程度较高的地区（MD = 1），交互项的系数在 1% 水平上显著为负。表 8 – 13 的第（3）列和第（4）列也显示了类似的结果。因此，市场化程度强化了环境处罚和环保补助对企业绿色技术创新的替代效应。对处于市场化程度较高地区的企业来说，环境处罚和环保补助对企业绿色技术创新的替代效应更为明显。

表 8 - 13　　市场化程度异质性分析回归结果

Variable	CEI		CEI	
	(1)	(2)	(3)	(4)
	MD = 0	MD = 1	MD = 0	MD = 1
Penalty	0.1728 *** (3.174)	0.2035 *** (3.125)		
Penalty_count			0.0164 *** (3.477)	0.0340 *** (4.034)
EnvSubsidy	0.5900 (1.505)	1.8437 *** (2.692)	0.4198 (1.057)	1.1263 * (1.870)
Penalty × EnvSubsidy	-1.3830 (-1.584)	-3.6409 *** (-4.708)		
Penalty_count × EnvSubsidy			-0.0727 (-1.138)	-0.1643 *** (-3.669)
Control variables	Yes	Yes	Yes	Yes
Industry FE	Yes	Yes	Yes	Yes
Year FE	Yes	Yes	Yes	Yes
N	2 544	2 203	2 544	2 203
Adj. R^2	0.386	0.299	0.386	0.301

注：*** 、* 分别表示在 1% 、10% 水平上显著；括号内数据为 t 值。

8.4.4　环境处罚和环保补助对不同类型企业绿色技术创新的替代效应

企业绿色技术创新可分为两类：绿色发明专利和绿色实用新型专利（Hu et al., 2022；Li et al., 2022；Lian et al., 2022）。根据这一分类标准，本章研究环境处罚和环保补助的替代效应在不同类型的企业绿色技术创新中是否存在差异。表 8 - 14 列示的回归结果说明环境处罚和环保补助对绿色发明专利和绿色实用新型专利都具有替代作用。

表 8-14　环境处罚和环保补助对不同类型企业绿色技术创新的替代效应

Variable	Green invention patents		Green utility patents	
	(1)	(2)	(3)	(4)
Penalty	0. 1376 *** (3. 774)		0. 1331 *** (3. 696)	
Penalty_count		0. 0180 *** (4. 635)		0. 0221 *** (6. 242)
EnvSubsidy	0. 7758 *** (2. 687)	0. 5903 ** (2. 223)	0. 5962 * (1. 840)	0. 3785 (1. 253)
Penalty × EnvSubsidy	-1. 5362 *** (-3. 084)		-1. 6766 *** (-2. 955)	
Penalty_count × EnvSubsidy		-0. 0843 ** (-2. 397)		-0. 0921 ** (-2. 275)
Control variables	Yes	Yes	Yes	Yes
Industry FE	Yes	Yes	Yes	Yes
Year FE	Yes	Yes	Yes	Yes
N	4 747	4 747	4 747	4 747
Adj. R^2	0. 295	0. 298	0. 338	0. 342

注：*** 、** 、* 分别表示在 1%、5%、10% 水平上显著；括号内数据为 t 值。

8.5　实证结果分析

已有研究通常假定不同环境规制工具之间是独立发挥作用的，这与现实不符。此外，忽视环境规制工具之间的共同作用可能会导致研究结果的偏差，因此需要一个更全面的研究框架。除了研究环境处罚对企业绿色技术创新的影响外，本章还重点研究了环境处罚和环保补助的交互作用究竟是发挥互补效应还是替代效应。因此，本章研究的主要贡献在于强调不同环境规制工具之间的交互作用。

已有研究证实了不同环境规制工具之间具有互补效应（Greco et al.，2022；Costantini et al.，2017；Yu et al.，2022；Battisti and Stoneman，2010）。

但是，本章的研究结果并没有证明不同环境规制工具的组合对企业绿色技术创新的共同影响会大于单一环境规制工具对企业绿色技术创新的影响。环境处罚和环保补助的交互作用对企业绿色技术创新的影响为替代效应而非互补效应，这就需要不同环境规制工具之间的有效协调。正如奥等（2018）的研究结果表明，并非环境规制工具越多，环境治理效果就越好。因此，不同环境规制工具之间的系统协调对于政府实现最优的环境治理结果至关重要。

以往关于环境规制影响企业绿色技术的研究得到了各种可能的结果，包括正相关、负相关、无关、非线性等结论。本章的研究结果可以为环境规制影响企业绿色技术创新没有得到一致结论的原因提供一个新的解释，即环境规制对企业绿色技术创新的影响取决于不同类别的环境规制工具是单独发挥作用还是同时发挥作用（García-Marco，Zouaghi，& Sánchez，2020）。已有研究多是将不同环境规制工具视为独立的工具来单独发挥作用，而未能研究不同环境规制工具组合后的交互作用对企业绿色技术创新的影响，导致研究结果产生 d 偏差。本章的结论说明，未来的研究需要一个更全面的研究框架，不应忽视不同环境规制工具之间的交互作用对企业环境行为的影响。

本章还研究了环境处罚和环保补助在何种条件下会对企业绿色技术创新产生更明显的替代效应。结果证明，对于国有企业而言，环境处罚和环保补助对企业绿色技术创新的替代效应更为明显。鉴于国有企业与政府之间的天然联系，与非国有企业相比，国有企业一般会受到更多的环境处罚和获得更多的环保补助（Ren et al.，2022；Xu et al.，2006）。更多的环境处罚会削弱环保补助对企业绿色技术创新的积极影响，反之亦然。因此，环境处罚和环保补助对企业绿色技术创新的替代效应对国有企业更为显著。

对处于环境质量较好地区的企业来说，环境处罚和环保补助对企业绿色技术创新的替代效应更为显著。可能的原因在于，在环境质量较好的地区，政府会更积极地采用环境处罚和环保补助来影响企业环境责任的履行（Cheng and Liu，2018）。这一观点与已有研究的结论一致，即完善成熟的环境治理体系与区域环境质量之间存在显著正相关关系（Li and Ramanathan，2018）。因此，环境处罚和环保补助对企业绿色技术创新的替代效应在环境质量较好地区更加明显。

在市场化程度较高的地区，企业受到环境处罚或获得环保补助的可能性较低（Wang et al.，2021；Jiang et al.，2010；Wang et al.，2019）。因此，本章认为在市场化程度较高的地区，环境处罚和环保补助对企业绿色技术创新的替代效应会减弱。但实证结果却得出了相反的结论，即在市场化程度较高的地区，环境处罚和环保补助对企业绿色技术创新的替代效应更加明显。一个可能的合理解释是，在市场化程度较高的地区，政府不太需要采用环境处罚和环保补助来规范企业环境行为，对企业合理利用环保补助的限制也较少（Ren et al.，2022）。根据代理理论，对环保补助使用的监督不足会导致高管优先考虑产生私人利益的投资，而不是产生社会利益的投资，例如环境投资（Preston and O' Bannon，1997）。因此，在市场化程度较高的地区，环境处罚和环保补助对企业绿色技术创新的替代效应更为明显。

8.6 本章小结

本章将环境规制分为处罚性和激励性环境规制两类，并选取环境处罚和环保补助作为两类环境规制工具的典型代表，分别研究了环境处罚能否促进企业绿色技术创新以及环保补助和环境处罚的交互作用对企业绿色技术创新的影响。研究结果表明，环境处罚有效地促进了企业的绿色技术创新，同时，环境处罚和环保补助在促进企业绿色技术创新中起到的是替代作用而非互补作用。异质性分析表明，在国有企业和环境质量较好、市场化程度较高的地区，环境处罚和环保补助对企业绿色技术创新的替代效应更为明显。

| 第9章 |

研究结论与展望

9.1 研究结论

从环境规制所采取的手段和颁布的目的来看，环境规制包含处罚性和激励性的环境规制。本书重点以环境处罚为出发点，考虑环境处罚这一处罚性环境规制在中国制度背景下能否发挥积极作用，从而对企业行为（包括融资行为和环境行为）产生积极影响。具体来看，本书以声誉理论、利益相关者理论和合法性理论为理论基础，研究内容包括环境处罚是否会影响企业后续的融资成本、是否会加大企业未来的股价崩盘风险、是否有利于企业后续环境责任履行、是否能够抑制企业“漂绿”行为以及是否能够提升企业的绿色技术创新水平。根据上述研究问题，本书以A股重污染上市企业为研究对象，通过从IPE、CNRDS、迪博以及CSMAR等权威数据库搜集研究所需数据，研究期间为2014~2020年，在综合运用各类实证分析技术后得到以下结论。

9.1.1 环境处罚对企业资本成本影响的研究结论

根据资本成本的构成，本书同时考虑权益资本成本和债务资本成本两类成本。研究发现，环境处罚会显著提升企业后续融资的债务资本成本和权益资本成本，该结论经过替换变量、倾向得分匹配法和 Heckman 两阶段分析法的检验后依然成立。影响机制结果表明，环境处罚会影响企业信息透明度，进一步影响企业的债务资本成本以及权益资本成本；而环境处罚虽然会影响企业的融资约束程度，但只会进一步影响企业的债务资本成本，而非权益资本成本。异质性分析发现，环境处罚对企业债务资本成本的正向影响主要在非国有企业、行业竞争程度小和内部控制质量差的企业中成立，环境处罚对企业权益资本成本的正向影响主要在内部控制质量差的企业中成立，不受产权性质和行业竞争程度的影响。此外，动态效应分析结果表明，环境处罚对债务资本成本的影响逐渐增强，对权益资本成本的影响逐渐减弱。

9.1.2 环境处罚对企业股价崩盘风险影响的研究结论

将环境处罚视为企业被动披露负面环境信息的重要渠道来研究环境处罚程度所释放出的负面信息对企业股价崩盘风险的影响，并考虑环境信息硬披露对两者关系的调节作用，从而可以识别出环境信息的双重作用。研究结果表明，环境处罚会提升企业未来的股价崩盘风险，但这种提升作用会通过企业高质量环境信息的披露而得到减弱，从而验证了环境信息在影响未来股价崩盘风险中具有双重作用。异质性分析表明，对于媒体报道较少，由非十大会计师事务所审计以及被列入重点排污企业名单的企业而言，环境处罚对未来股价崩盘风险的促进作用会更加显著。

9.1.3 环境处罚对企业环境责任履行影响的研究结论

通过手工收集企业的年度财务报告、社会责任报告、ESG 报告以及可持续发展报告，并应用内容分析法来构建起衡量企业环境责任履行情况的指标体系，可以实现对企业环境责任履行水平的客观衡量。实证结果表明，企业在一年内受到环境处罚或者受到多次环境处罚均会对后续的环境责任履行有积极影响。经过 Heckman 两阶段法、PSM、替换变量、改变回归方法等一系列稳健性检验后，该结果仍然成立。此外，调节效应的检验结果表明，媒体关注可以强化环境处罚对企业环境责任的正向影响，但政治关联和行业竞争程度会削弱这种正向影响。进一步分析结果表明，在对企业实施环境处罚后的两年内，环境处罚仍然能够对企业环境责任履行产生积极影响，而且环境处罚不仅能够促进企业象征性环境责任的履行，也能促进企业实质性环境责任的履行，从而有效改善整体的环境质量。

9.1.4　环境处罚对企业“漂绿”行为影响的研究结论

“漂绿”已经成为一种全球性现象，考虑行业差异情况，通过测度企业环境信息披露水平与企业环境绩效水平的脱钩程度，可以相对客观地衡量出企业的“漂绿”程度。研究结果表明，环境处罚可以有效减少企业的“漂绿”行为，该结论经过一系列稳健性检验后依然成立。另外，调节效应的检验结果表明，财务冗余、内部控制和政治关联能够强化环境处罚对“漂绿”行为的抑制作用。具体来说，环境处罚对“漂绿”的抑制作用在拥有更多冗余财务资源、更有效的内部控制和拥有政治关联的企业中更为显著。进一步分析表明，企业生命周期在环境处罚影响“漂绿”的关系中发挥了重要作用，环境处罚对处于成长期和成熟期企业的“漂绿”行为有显著抑制作用，但对处于衰退期的企业没有显著影响。此外，环境处罚还存在威慑效应，即对目标企业实施环境处罚可以减少区域内其他企业的“漂绿”行为。

9.1.5　环境处罚对企业绿色技术创新影响的研究结论

政府会同时颁布多项环境政策，并使用多项环境规制工具来规范企业的环境行为。根据环境规制工具的特点，从处罚和激励两个角度选取环境处罚和环保补助作为典型环境规制工具代表来研究两者交互作用对绿色技术创新的影响。实证结果表明，环境处罚对于促进企业绿色技术创新有显著影响，同时，环境处罚和环保补助的交互作用在促进企业绿色技术创新方面起到了替代作用。异质性检验结果表明，对于国有企业，在环境质量较高地区以及在市场化程度较高地区经营的企业而言，环境处罚和环保补助对企业绿色技术创新的替代效应更为明显。进一步分析表明，环境处罚和环保补助的替代效应同时适用于绿色发明专利和绿色实用新型专利。

9.2 政策建议

9.2.1 环境处罚对企业资本成本影响的政策建议

根据环境处罚对企业资本成本影响的实证检验结果可以得出以下政策建议。

第一，研究表明，环境处罚可以提高企业债务资本成本和权益资本成本。一方面，在绿色发展背景下，企业通过提升环境绩效和改善环境表现可以显著降低资本成本，这将大大提升企业进行绿色转型的意愿；另一方面，环境处罚可以通过提升企业资本成本这一市场机制来倒逼企业改善环境行为，这就要求政府需要恰当运用环境处罚这一工具，有效发挥其积极作用。

第二，从声誉理论和利益相关者理论出发发现，环境处罚可以通过加剧企业融资约束和提高企业信息透明度以及提高资本成本。因此，对于投资人而言，不仅要关注企业的财务信息，也要关注环境绩效等方面的非财务信息，并对企业环境表现不佳所带来的声誉风险和信用风险保持警惕。

第三，环境处罚对资本成本的影响在不同的内部控制、产权性质和行业竞争程度的子样本中存在差异说明政府和资本市场协作促进企业环境治理的机制实施效果还存在较大差异。为了解决环境问题，政府应该综合考虑企业特点和行业特征制定更有针对性的环境处罚制度。

9.2.2　环境处罚对企业股价崩盘风险影响的政策建议

根据环境处罚对企业股价崩盘风险影响的实证检验结果可以得出以下政策建议。

第一，从企业角度来说，企业应积极履行环境责任，通过加大环保资源投入以及采取实质性环保措施，可以从根源上以减少企业受到环境处罚的可能性，从而防止股价崩盘风险的增加。

第二，鉴于企业多披露正面的环境信息可以有效提高信息透明度、缓解信息不对称、削弱环境处罚对股价崩盘风险的促进作用，企业应该积极主动地披露相关环境信息，尤其是企业在开展环境保护方面所采取的实质性措施，为利益相关者了解企业的环保实践提供信息渠道，从而为企业树立起良好的声誉和形象，避免因信息不对称引发负面影响。

第三，有效的外部治理可以弥补公司内部治理的不足。因此，从发挥外部治理机制的积极作用来看，为了减少环境处罚对股价崩盘风险的不利影响，还应该有效发挥媒体报道和高质量审计的积极作用，发挥其在缓解环境处罚对股价崩盘风险不利影响方面所应有的监督作用。

9.2.3　环境处罚对企业环境责任履行影响的政策建议

根据环境处罚影响企业环境责任履行的实证检验结果可以得出以下政策建议。

第一，鉴于环境处罚在促进企业环境责任履行方面发挥的积极作用，政府应确保不同类型的环境规制均能得到严格执行，确保环境规制能够有效规范企业环境责任的履行。如果企业违反相应的环境法律法规，以处罚形式为代表的环境规制工具是必要的。

第二，鉴于媒体关注是影响环境处罚和企业环境责任关系的重要因素，政府应搭建平台，鼓励各类媒体报道企业各类不当的环境行为，确保媒体的外部治理机制能够有效运行。

第三，为了确保环境处罚能够对企业环境责任产生积极影响，也必须要防止企业通过与政府建立起政治关联而开展寻租活动，从而减少政治关联的负面影响。这也要求政府应该提高各项政策执行的透明度和公平性，抑制企业寻租行为的出现。

第四，随着市场化改革进程的加快，企业也面临日益激烈的竞争环境。鉴于激烈的行业竞争可能会削弱环境处罚的积极作用，企业需要建立起通过积极履行环境责任就能够获得竞争优势的渠道，而不是仅仅依靠经济手段来获得竞争优势。如果企业通过环境责任的积极履行能够建立起竞争优势，那么即使在竞争激烈的行业中，企业也同样具有积极履行企业环境责任的动力。

9.2.4 环境处罚对企业“漂绿”行为影响的政策建议

根据环境处罚影响企业“漂绿”行为的实证检验结果，为了有效抑制企业开展“漂绿”活动，可以从政府和企业两方面共同入手来构建治理企业“漂绿”行为的框架。

一方面，从政府的角度来看，由于环境处罚与“漂绿”行为显著负相关，以处罚形式为代表的环境规制的重要性得以凸显，因此，政府应当恰当地使用环境处罚这一环境规制工具，鼓励企业开展更多实质性的环保行动，减少误导性环境信息的披露，最终有效减少企业“漂绿”行为。

另一方面，从企业的角度看，因为环境处罚对企业“漂绿”行为的抑制作用在拥有更多冗余财务资源的企业、在内部控制更有效的企业以及在拥有政治关联的企业中更显著，所以如果通过企业自身角度来有效减少“漂绿”行为，除了政府的约束外，还可以充分利用冗余财务资源、建立有效的内部控制体系及与政府建立政治关联等手段。

9.2.5 环境处罚对企业绿色技术创新影响的政策建议

根据环境处罚影响企业绿色技术创新的实证检验结果，为了有效提升企业绿色技术创新水平，可以得出以下政策建议。

第一，完善的环境政策是促进企业开展绿色技术创新活动的重要外部动力。为了提升企业的绿色技术创新水平，政府通过恰当运用环境处罚这一政策工具可以有效促进企业绿色技术创新水平的提升。

第二，鉴于政府在规范企业环境行为方面同时使用了多种环境规制工具组合，这也就要求政府需要在不同层面协调不同环境规制工具的设计和实施，重点考虑不同类型环境规制工具在目的、手段和适用范围等方面是否存在冲突，确保不同类型环境规制工具能够发挥出应有的协同效应。同时，对于政府而言，要想通过各种环境规制工具的综合利用来实现促进企业绿色技术创新的最佳结果，需要避免“多多益善”的错误认知，即多种环境规制工具的简单叠加未必能够发挥出应有的效果。

第三，政府在协调各项环境政策和使用各项环境规制工具时还应该考虑不同企业之间存在的差异和不同地区之间存在的制度环境差异，并进行相应的动态调整，从而确保利用不同环境规制工具组合能够促进企业绿色技术创新取得最佳效果。例如，对于国有企业和环境质量高、市场化程度高的企业而言，政府需要避免环境处罚和环保补助对企业绿色技术创新产生的替代效应。

9.3　不足与展望

从整体研究的不足来看，考虑重污染企业是环境污染的主要来源，也是环保处罚的对象，本书只选择重污染企业作为研究对象。样本选择的偏误可能会影响报告研究结论的普适性，因此，未来研究可以考虑拓宽研究对象以及检验报告结论是否可以拓宽至更大范围。在研究期限方面，报告考虑到《中华人民共和国环境保护法》修订和实施的影响，将研究期限确定为2014~2020年，未来研究可以考虑拓宽研究期限，并考虑《中华人民共和国环境保护法》颁布前后是否会对环境处罚影响企业行为的结论产生影响以及研究期限变化是否会对整体结论产生影响。

从环境处罚与企业资本成本的研究不足来看，本书发现环境处罚在对债务资本成本和权益资本成本的影响机制上存在差异，同时，两者关系的形成也受不同因素影响，这些差异产生的原因也值得未来进一步研究。

从环境处罚与企业股价崩盘风险的研究不足来看，尽管本书采用了控制个体固定效应模型、Heckman 两阶段回归、PSM、系统 GMM 以及替换变量等一系列内生性和稳健性检验，但由于研究样本期间缺少外生的政策，使得内生性问题并未得到彻底的解决，这也值得未来进一步研究。

从环境处罚与企业环境责任履行的研究不足来看，本书依托从企业年度财务报告、企业社会责任报告和可持续发展报告手工下载的数据，通过构建指标体系并使用内容分析法对企业环境责任履行水平进行衡量，未来研究可以考虑使用其他数据来作为企业环境责任的代理变量，例如，由权威第三方机构提供的企业环境责任数据，包括商道融绿、彭博社等。另外，本书也没有研究由环境处罚导致的企业社会责任履行及改善是否会进一步影响企业的经济利益，未来可以沿此继续研究。

从环境处罚与企业“漂绿”行为的研究不足来看，本书对于企业环境信息披露的衡量是根据企业年度财务报告、企业社会责任报告、ESG 报告和可持续发展报告中披露的信息，使用内容分析法进行衡量。信息披露的衡量隐含一个假设，即企业通过环境信息披露来进行“漂绿”的行为只通过上述渠道来完成。事实上，当前网络社交媒体已经成为企业披露环境信息的另一个重要渠道，忽略网络社交媒体这一信息披露渠道可能导致无法客观、完整地衡量企业环境信息披露水平。因此，未来研究可以将环境信息披露的渠道来源拓展至网络社交媒体。此外，企业社会责任报告、可持续发展报告以及 ESG 报告中包含大量的非财务文本信息，企业也可能通过操纵文本语调、文本相似性以及文本可读性等更为隐蔽的方式来进行“漂绿”活动。要识别出这些隐蔽的“漂绿”活动，需要借助先进信息技术，因此，未来研究也可以在文本分析技术的帮助下将企业社会责任报告、可持续发展报告或者 ESG 报告的语调、可读性和相似性考虑在内，从而更准确地衡量环境信息披露的水平和质量，并准确测度出企业的“漂绿”程度。

从环境处罚与企业绿色技术创新的研究不足来看，除了将环境规制分为正式规制和非正式环境规制或者处罚性和激励性环境规制外，还可以将环境规制分为有弹性和无弹性的环境规制，进一步研究两者的交互作用对绿色技术创新的影响，从而验证本书已得到的结论是否具有普适性。另外，基于著名的“波特假说”，环境规制除了影响技术创新外，还会对企业的财务绩效、全要素生产率或者环境绩效等要素产生影响。因此，未来的研究还可以探讨不同环境规制工具的交互作用对企业财务绩效、环境绩效等维度的影响，从而不断拓宽“波特假说”的研究边界。

参考文献

[1] 蔡宏波，何佳俐．政治关联与企业环保治污——来自中国私营企业调查的证据［J］．北京师范大学学报（社会科学版），2019，273（3）：124－138．

[2] 曹勇，蒋振宇，孙合林，等．环境规制与企业技术创新绩效：政府支持的调节效应［J］．中国科技论坛，2015（12）：81－86．

[3] 陈峻，王雄元，彭旋．环境不确定性、客户集中度与权益资本成本［J］．会计研究，2015（11）：76－82＋97．

[4] 陈晓艳，肖华，张国清．环境处罚促进企业环境治理了吗？——基于过程和结果双重维度的分析［J］．经济管理，2021，43（6）：136－155．

[5] 陈正林．客户集中、行业竞争与商业信用［J］．会计研究，2017（11）：79－85＋97．

[6] 陈作华，方红星．内部控制能扎紧董监高的机会主义减持藩篱吗［J］．会计研究，2019（7）：82－89．

[7] 甘丽凝，陈思，胡珉，等．管理层语调与权益资本成本——基于创业板上市公司业绩说明会的经验证据［J］．会计研究，2019（6）：27－34．

[8] 韩先锋，惠宁，宋文飞．环境规制对研发技术进步的影响效应研究［J］．中国科技论坛，2014，224（12）：75－79．

[9] 黄溶冰，陈伟，王凯慧．外部融资需求、印象管理与企业漂绿［J］．经济社会体制比较，2019（3）：81－93．

[10] 黄溶冰，储芳．中央环保督察、绩效考核压力与企业“漂绿”［J］．中国地质大学学报（社会科学版），2023，23（1）：70－86.

[11] 黄溶冰．企业漂绿问题及其治理［J］．湖湘论坛，2022，35（5）：10.

[12] 姜楠．环境处罚能够威慑并整治企业违规行为吗？——基于国家重点监控企业的分析［J］．经济与管理研究，2019，40（7）：102－115.

[13] 蒋伏心，王竹君，白俊红．环境规制对技术创新影响的双重效应——基于江苏制造业动态面板数据的实证研究［J］．中国工业经济，2013，304（7）：44－55.

[14] 蒋为．环境规制是否影响了中国制造业企业研发创新？——基于微观数据的实证研究［J］．财经研究，2015，41（2）：76－87.

[15] 李勃昕，韩先锋，宋文飞．环境规制是否影响了中国工业 R&D 创新效率［J］．科学学研究，2013，31（7）：1032－1040.

[16] 李朝芳．环境责任、组织变迁与环境会计信息披露——一个基于合法性理论的规范研究框架［J］．经济与管理研究，2010，210（5）：117－123.

[17] 李广子，刘力．债务融资成本与民营信贷歧视［J］．金融研究，2009（12）：137－150.

[18] 李婧．环境规制与企业技术创新效率研究［J］．中国经济问题，2013（4）：38－44.

[19] 李阳，党兴华，韩先锋，等．环境规制对技术创新长短期影响的异质性效应——基于价值链视角的两阶段分析［J］．科学学研究，2014，32（6）：937－949.

[20] 廖进球，刘伟明．波特假说、工具选择与地区技术进步［J］．经济问题探索，2013（10）：50－57.

[21] 刘莉亚，周舒鹏，闵敏，等．环境行政处罚与债券市场反应［J］．财经研究，2022，48（4）：64－78.

[22] 刘伟，童健，薛景．行业异质性、环境规制与工业技术创新［J］．科研管理，2017，38（5）：1－11.

[23] 卢文彬，官峰，张佩佩，等．媒体曝光度、信息披露环境与权益资本成本 [J]．会计研究，2014 (12)：66 - 71 + 96.

[24] 罗喜英，刘伟．政治关联与企业环境违规处罚：庇护还是监督——来自 IPE 数据库的证据 [J]．山西财经大学学报，2019，41 (10)：85 - 99.

[25] 马海良，黄德春，姚惠泽．技术创新、产业绩效与环境规制——基于长三角的实证分析 [J]．软科学，2012，26 (1)：1 - 5.

[26] 毛新述，叶康涛，张頔．上市公司权益资本成本的测度与评价——基于我国证券市场的经验检验 [J]．会计研究，2012 (11)：12 - 22 + 94.

[27] 孟凡生，韩冰．政府环境规制对企业低碳技术创新行为的影响机制研究 [J]．预测，2017 (36)：74 - 80.

[28] 倪娟，孔令文．环境信息披露、银行信贷决策与债务融资成本——来自我国沪深两市 A 股重污染行业上市公司的经验证据 [J]．经济评论，2016 (1)：147 - 156 + 60.

[29] 彭星，李斌．不同类型环境规制下中国工业绿色转型问题研究 [J]．财经研究，2016，42 (7)：134 - 144.

[30] 戚聿东，孙昌玲，王化成．企业核心竞争力能够降低权益资本成本吗——基于文本分析的经验证据 [J]．会计研究，2021 (8)：94 - 106.

[31] 邱牧远，殷红．生态文明建设背景下企业 ESG 表现与融资成本 [J]．数量经济技术经济研究，2019，36 (3)：108 - 123.

[32] 任胜钢，胡兴，袁宝龙．中国制造业环境规制对技术创新影响的阶段性差异与行业异质性研究 [J]．科技进步与对策，2016 (33)：59 - 66.

[33] 沈能，刘凤朝．高强度的环境规制真能促进技术创新吗？——基于“波特假说”的再检验 [J]．中国软科学，2012，256 (4)：49 - 59.

[34] 沈弋，吕明晗，朱佳立，等．浓雾下的薪酬：空气质量与企业高管薪酬黏性 [J]．管理工程学报，2021，35 (5)：41 - 51.

[35] 司海平，陈舒欢，苗妙．企业诉讼、信号传递与融资约束 [J]．中国经济问题，2021 (6)：156 - 168.

[36] 宋文飞，李国平，韩先锋．价值链视角下环境规制对 R&D 创新效

率的异质门槛效应——基于工业 33 个行业 2004～2011 年的面板数据分析 [J]. 财经研究，2014 (40)：93－104.

[37] 孙海波，刘忠璐. 环境规制、清洁技术创新与中国工业绿色转型 [J]. 科研管理，2021，42 (11)：54－61.

[38] 孙伟，江三良. 环境规制下的政府投入对工业行业创新效率的影响分析 [J]. 软科学，2016，30 (7)：19－23.

[39] 谭雪. 行业竞争、产权性质与企业社会责任信息披露——基于信号传递理论的分析 [J]. 产业经济研究，2017，88 (3)：15－28.

[40] 陶长琪，琚泽霞. 金融发展视角下环境规制对技术创新的门槛效应——基于价值链理论的两阶段分析 [J]. 研究与发展管理，2016，28 (1)：95－102.

[41] 万亮，吴琼. 企业多元化、融资约束与资本成本的关系研究——基于对中国 A 股市场的数据分析 [J]. 价格理论与实践，2017 (8)：84－87.

[42] 王锋正，郭晓川. 政府治理、环境管制与绿色工艺创新 [J]. 财经研究，2016 (42)：30－40.

[43] 王国印，王动. 波特假说、环境规制与企业技术创新——对中东部地区的比较分析 [J]. 中国软科学，2011，241 (1)：100－112.

[44] 王嘉鑫，孙梦娜. 绿色发展与治理转型的"波特假说之谜"——基于碳风险下企业降杠杆的证据 [J]. 经济管理，2021，43 (12)：41－61.

[45] 王云，李延喜，马壮，等. 环境行政处罚能以儆效尤吗？——同伴影响视角下环境规制的威慑效应研究 [J]. 管理科学学报，2020，23 (1)：77－95.

[46] 温素彬，周鎏鎏. 企业碳信息披露对财务绩效的影响机理——媒体治理的"倒 U 型"调节作用 [J]. 管理评论，2017，29 (11)：183－195.

[47] 温忠麟，张雷，侯杰泰，等. 中介效应检验程序及其应用 [J]. 心理学报，2004 (5)：614－620.

[48] 谢乔昕. 环境规制扰动、政企关系与企业研发投入 [J]. 科学学研究，2016，34 (5)：713－719.

［49］辛清泉，孔东民，郝颖．公司透明度与股价波动性［J］．金融研究，2014（10）：193－206.

［50］徐莉萍，辛宇，祝继高．媒体关注与上市公司社会责任之履行——基于汶川地震捐款的实证研究［J］．管理世界，2011，210（3）：135－143＋88.

［51］徐彦坤，祁毓，宋平凡．环境处罚、公司绩效与减排激励——来自中国工业上市公司的经验证据［J］．中国地质大学学报（社会科学版），2020，20（4）：72－89.

［52］许林，林思宜，钱淑芳．环境信息披露、绿色技术创新对融资约束的缓释效应［J］．证券市场导报，2021（9）：23－33.

［53］姚圣，李诗依．环境信息披露具有处罚效应吗？［J］．经济与管理，2017，31（2）：68－75.

［54］叶陈刚，王孜，武剑锋，等．外部治理、环境信息披露与股权融资成本［J］．南开管理评论，2015，18（5）：85－96.

［55］游达明，杨金辉．公众参与下政府环境规制与企业生态技术创新行为的演化博弈分析［J］．科技管理研究，2017，37（12）：1－8.

［56］于连超，张卫国，毕茜．环境保护费改税促进了重污染企业绿色转型吗？——来自《环境保护税法》实施的准自然实验证据［J］．中国人口·资源与环境，2021，31（5）：109－118.

［57］于连超，张卫国，毕茜．环境税对企业绿色转型的倒逼效应研究［J］．中国人口·资源与环境，2019，29（7）：112－120.

［58］曾义，冯展斌，张茜．地理位置、环境规制与企业创新转型［J］．财经研究，2016，42（9）：87－98.

［59］张彩云，吕越．绿色生产规制与企业研发创新——影响及机制研究［J］．经济管理，2018，40（1）：71－91.

［60］张成，陆旸，郭路，等．环境规制强度和生产技术进步［J］．经济研究，2011（46）：113－124.

［61］张峰，田文文．环境规制与技术创新：制度情境的调节效应［J］．

研究与发展管理，2018，30（2）：71-81.

［62］张化祥，张少华．基于绿色声誉生成模型的企业战略对策研究［J］．财会研究，2008（8）：59-60.

［63］张建鹏，陈诗一．金融发展、环境规制与经济绿色转型［J］．财经研究，2021，47（11）：78-93.

［64］张平，张鹏鹏，蔡国庆．不同类型环境规制对企业技术创新影响比较研究［J］．中国人口·资源与环境，2016，26：8-13.

［65］张启尧，才凌惠，孙习祥．绿色资源整合能力、漂绿行为与企业绩效——恶性竞争的调节中介作用［J］．工业技术经济，2017，（1）：5.

［66］赵红．环境规制对产业技术创新的影响——基于中国面板数据的实证分析［J］．产业经济研究，2008，34（3）：35-40.

［67］赵玉民，朱方明，贺立龙．环境规制的界定、分类与演进研究［J］．中国人口·资源与环境，2009，19（6）：85-90.

［68］周海华，王双龙．正式与非正式的环境规制对企业绿色创新的影响机制研究［J］．软科学，2016，30（8）：47-51.

［69］朱沛华．负面声誉与企业融资——来自上市公司违规处罚的经验证据［J］．财贸经济，2020，41（4）：50-65.

［70］ABEBE M A，ACHARYA K. Founder CEOs and corporate environmental violations：Evidence from S&P 1500 firms［J］．Business Strategy and the Environment，2022，31（3）：1204-119.

［71］ADAMS R，JEANRENAUD S，BESSANT J，et al. Sustainability-oriented innovation：A systematic review［J］．International Journal of Management Reviews，2016，18（2）：180-205.

［72］ADHIKARI A，DERASHID C，ZHANG H. Public policy，political connections，and effective tax rates：Longitudinal evidence from Malaysia［J］．Journal of Accounting and Public Policy，2006，25（5）：574-595.

［73］ALI W，WILSON J，HUSNAIN M. Micro-，meso- and macro-level determinants of stock price crash risk：A systematic survey of literature［J］．

Managerial Finance, 2022, 48 (5): 784 –804.

[74] AL-SHAMMARI M, RASHEED A, AL-SHAMMARI H A. CEO narcissism and corporate social responsibility: Does CEO narcissism affect CSR focus? [J]. Journal of Business Research, 2019 (104): 106 –117.

[75] AL-TUWAIJRI S A, CHRISTENSEN T E, HUGHES K E. The relations among environmental disclosure, environmental performance, and economic performance: A simultaneous equations approach [J]. Accounting, Organizations and Society, 2004, 29 (5 –6): 447 –471.

[76] AN Z, CHEN C, NAIKER V, et al. Does media coverage deter firms from withholding bad news? Evidence from stock price crash risk [J]. Journal of Corporate Finance, 2020, 64: 101664.

[77] ANDREOU P C, ANTONIOU C, HORTON J, et al. Corporate governance and firm-specific stock price crashes [J]. European Financial Management, 2016, 22 (5): 916 –956.

[78] ANDREOU P C, KELLARD N M. Corporate environmental proactivity: Evidence from the European Union's emissions trading system [J]. British Journal of Management, 2020, 32 (3): 630 –647.

[79] ANDREOU P C, LOUCA C, PETROU A P. CEO age and stock price crash risk [J]. Review of Finance, 2017, 21 (3): 1287 –1325.

[80] ARELLANO M, BOND S. Some tests of specification for panel data: Monte Carlo evidence and an application to employment equations [J]. The Review of Economic Studies, 1991, 58 (2).

[81] ARENA C, MICHELON G, TROJANOWSKI G. Big egos can be green: A study of CEO hubris and environmental innovation [J]. British Journal of Management, 2018, 29 (2): 316 –336.

[82] ASHFORTH B E, GIBBS B W. The double-edge of organizational legitimation [J]. Organization Science, 1990, 1 (2): 177 –194.

[83] AZADEGAN A, PATEL P C, PARIDA V. Operational slack and

venture survival [J]. Production and Operations Management, 2013, 22 (1): 1 - 18.

[84] BAE J, YANG X, KIM M I. ESG and stock price crash risk: Role of financial constraints [J]. Asia-Pacific Journal of Financial Studies, 2021, 50 (5): 556 - 581.

[85] BAI Y, SONG S, JIAO J, et al. The impacts of government R&D subsidies on green innovation: Evidence from Chinese energy-intensive firms [J]. Journal of Cleaner Production, 2019 (233): 819 - 829.

[86] BAIRD P L, GEYLANI P C, ROBERTS J A. Corporate Social and Financial Performance Re-Examined: Industry Effects in a Linear Mixed Model Analysis [J]. Journal of Business Ethics, 2011, 109 (3): 367 - 388.

[87] BALL C, BURT G, DE VRIES F, et al. How environmental protection agencies can promote eco-innovation: The prospect of voluntary reciprocal legitimacy [J]. Technological Forecasting and Social Change, 2018, 129: 242 - 253.

[88] BANSAL P. Evolving sustainably: A longitudinal study of corporate sustainable development [J]. Strategic Management Journal, 2005, 26 (3): 197 - 218.

[89] BARGERON L L, LEHN K M, ZUTTER C J. Sarbanes-Oxley and corporate risk-taking [J]. Journal of Accounting and Economics, 2010, 49 (1 - 2): 34 - 52.

[90] BATTISTI G, STONEMAN P. How innovative are UK firms? Evidence from the fourth UK community innovation survey on synergies between technological and organizational innovations [J]. British Journal of Management, 2010, 21 (1): 187 - 206.

[91] BEN-NASR H, GHOUMA H. Employee welfare and stock price crash risk [J]. Journal of Corporate Finance, 2018, 48: 700 - 725.

[92] BLIND K. The influence of regulations on innovation: A quantitative

assessment for OECD countries [J]. Research Policy, 2012, 41 (2): 391 -400.

[93] BLUNDELL R, BOND S. Initial conditions and moment restrictions in dynamic panel data models [J]. Journal of Econometrics, 1998, 87 (1): 115 -143.

[94] BOURGEOIS L J. On the measurement of organizational slack [J]. Academy of Management Review, 1981, 6 (1): 29 -39.

[95] BOUZZINE Y D, LUEG R. The contagion effect of environmental violations: The case of Dieselgate in Germany [J]. Business Strategy and the Environment, 2020, 29 (8): 3187 -3202.

[96] BOWEN F, ARAGON-CORREA J A. Greenwashing in corporate environmentalism research and practice [J]. Organization & Environment, 2014, 27 (2): 107 -112.

[97] BRADY J, EVANS M F, WEHRLY E W. Reputational penalties for environmental violations: A pure and scientific replication study [J]. International Review of Law and Economics, 2019, 57: 60 -72.

[98] BROWN N, DEEGAN C. The public disclosure of environmental performance information—a dual test of media agenda setting theory and legitimacy theory [J]. Accounting and Business Research, 1998, 29 (1): 21 -41.

[99] BRUNNERMEIER S B, COHEN M A. Determinants of environmental innovation in US manufacturing industries [J]. Journal of Environmental Economics and Management, 2003, 45 (2): 278 -293.

[100] CABEZA-GARCÍA L, FERNÁNDEZ-GAGO R, NIETO M. Do board gender diversity and director typology impact CSR reporting? [J]. European Management Review, 2018, 15 (4): 559 -575.

[101] CAHAN S F, CHEN C, CHEN L, et al. Corporate social responsibility and media coverage [J]. Journal of Banking & Finance, 2015, 59: 409 -422.

[102] CAI X, ZHU B, ZHANG H, et al. Can direct environmental regulation promote green technology innovation in heavily polluting industries? Evidence

from Chinese listed companies [J]. Science of The Total Environment, 2020, 746: 140810.

[103] CALEL R, DECHEZLEPRÊTRE A. Environmental Policy and Directed Technological Change: Evidence from the European Carbon Market [J]. Review of Economics and Statistics, 2016, 98 (1): 173 - 191.

[104] CALLEN J L, FANG X. Institutional investor stability and crash risk: Monitoring versus short-termism? [J]. Journal of Banking & Finance, 2013, 37 (8): 3047 - 3063.

[105] CALLEN J L, FANG X. Religion and Stock Price Crash Risk [J]. Journal of Financial and Quantitative Analysis, 2015, 50 (1 - 2): 169 - 195.

[106] CAMILLERI M A. Strategic attributions of corporate social responsibility and environmental management: The business case for doing well by doing good! [J]. Sustainable Development, 2022, 30 (3): 409 - 422.

[107] CAMPBELL J L. Why would corporations behave in socially responsible ways? An institutional theory of corporate social responsibility [J]. Academy of Management Review, 2007, 32 (3): 946 - 967.

[108] CAO F, YE K, ZHANG N, et al. Trade credit financing and stock price crash risk [J]. Journal of International Financial Management & Accounting, 2018, 29 (1): 30 - 56.

[109] CARNES C M, XU K, SIRMON D G, et al. How competitive action mediates the resource slack-performance relationship: A meta-analytic approach [J]. Journal of Management Studies, 2018, 56 (1): 57 - 90.

[110] CHAKRABORTY P, CHATTERJEE C. Does environmental regulation indirectly induce upstream innovation? New evidence from India [J]. Research Policy, 2017, 46 (5): 939 - 955.

[111] CHAN C M, DU J. Formal institution deficiencies and informal institution substitution: MNC foreign ownership choice in emerging economy [J]. Journal of Business Research, 2022, 142: 744 - 761.

[112] CHANG X, CHEN Y, ZOLOTOY L. Stock liquidity and stock price crash risk [J]. Journal of Financial and Quantitative Analysis, 2017, 52 (4): 1605 – 1637.

[113] CHANG Y, HE Y, JIN X, et al. Media coverage of environmental pollution and the investment of polluting companies [J]. Asia-Pacific Journal of Financial Studies, 2020, 49 (5): 750 – 771.

[114] CHEN C J P, LI Z, SU X, et al. Rent-seeking incentives, corporate political connections, and the control structure of private firms: Chinese evidence [J]. Journal of Corporate Finance, 2011, 17 (2): 229 – 243.

[115] CHEN C, KIM J-B, YAO L. Earnings smoothing: Does it exacerbate or constrain stock price crash risk? [J]. Journal of Corporate Finance, 2017, 42: 36 – 54.

[116] CHEN J, CHAN K C, DONG W, et al. Internal control and stock price crash risk: Evidence from China [J]. European Accounting Review, 2016, 26 (1): 125 – 152.

[117] CHEN J, HONG H, STEIN J C. Forecasting crashes: Trading volume, past returns, and conditional skewness in stock prices [J]. Journal of Financial Economics, 2001, 61 (3): 345 – 381.

[118] CHEN W, ZHOU G, ZHU X. CEO tenure and corporate social responsibility performance [J]. Journal of Business Research, 2019, 95: 292 – 302.

[119] CHEN Y-H, WANG C, NIE P-Y, et al. A clean innovation comparison between carbon tax and cap-and-trade system [J]. Energy Strategy Reviews, 2020, 29.

[120] CHEN Z, ZHANG X, CHEN F. Do carbon emission trading schemes stimulate green innovation in enterprises? Evidence from China [J]. Technological Forecasting and Social Change, 2021, 168.

[121] CHENG J, LIU Y. The effects of public attention on the environmental performance of high-polluting firms: Based on big data from web search in China

[J]. Journal of Cleaner Production, 2018, 186: 335 – 341.

[122] CHENG M, DHALIWAL D, ZHANG Y. Does investment efficiency improve after the disclosure of material weaknesses in internal control over financial reporting? [J]. Journal of Accounting and Economics, 2013, 56 (1): 1 – 18.

[123] CHINTRAKARN P. Environmental regulation and U. S. states' technical inefficiency [J]. Economics Letters, 2008, 100 (3): 363 – 365.

[124] CHOI W, CHUNG C Y, RABARISON M K, et al. Related party transactions and corporate environmental responsibility [J]. Finance Research Letters, 2021.

[125] CLARKSON P M, LI Y, RICHARDSON G D, et al. Revisiting the relation between environmental performance and environmental disclosure: An empirical analysis [J]. Accounting, Organizations and Society, 2008, 33 (4 – 5): 303 – 327.

[126] COHEN J, KRISHNAMOORTHY G, WRIGHT A. Corporate governance in the Post-Sarbanes-Oxley era: Auditors' experiences [J]. Contemporary Accounting Research, 2010, 27 (3): 751 – 786.

[127] CORDEIRO J J, SARKIS J. Environmental proactivism and firm performance: evidence from security analyst earnings forecasts [J]. Business Strategy and the Environment, 1997, 6 (2): 104 – 114.

[128] COSTANTINI V, CRESPI F, PALMA A. Characterizing the policy mix and its impact on eco-innovation: A patent analysis of energy-efficient technologies [J]. Research Policy, 2017, 46 (4): 799 – 819.

[129] CUEVAS-RODRÍGUEZ G, CABELLO-MEDINA C, CARMONA-LAVADO A. Internal and external social capital for radical product innovation: Do they always work well together? [J]. British Journal of Management, 2014, 25 (2): 266 – 284.

[130] D' MELLO R, GAO X, JIA Y. Internal control and internal capital allocation: Evidence from internal capital markets of multi-segment firms [J].

Review of Accounting Studies, 2016, 22 (1): 251 -287.

[131] DASGUPTA S, HONG J H, LAPLANTE B, et al. Disclosure of environmental violations and stock market in the Republic of Korea [J]. Ecological Economics, 2006, 58 (4): 759 -777.

[132] DASGUPTA S, LAPLANTE B, MAMINGI N, et al. Inspections, pollution prices, and environmental performance: Evidence from China [J]. Ecological Economics, 2001, 36 (3): 487 -498.

[133] DE FREITAS NETTO S V, SOBRAL M F F, RIBEIRO A R B, et al. Concepts and forms of greenwashing: A systematic review [J]. Environmental Sciences Europe, 2020, 32 (1): 1 -12.

[134] DE VILLIERS C, MARQUES A. Corporate social responsibility, country-level predispositions, and the consequences of choosing a level of disclosure [J]. Accounting and Business Research, 2016, 46 (2): 167 -195.

[135] DEEGAN C. The legitimising effect of social and environmental disclosures—A theoretical foundation [J]. Accounting, Auditing & Accountability Journal, 2002, 15 (3): 282 -311.

[136] DEL BRÍO J Á, JUNQUERA B. A review of the literature on environmental innovation management in SMEs: implications for public policies [J]. Technovation, 2003, 23 (12): 939 -948.

[137] DELGADO-VERDE M, MARTÍN-DE CASTRO G, CRUZ-GONZÁLEZ J, et al. Complements or substitutes? The contingent role of corporate reputation on the interplay between internal R&D and external knowledge sourcing [J]. European Management Journal, 2021, 39 (1): 70 -83.

[138] DELMAS M A, BURBANO V C. The drivers of greenwashing [J]. California Management Review, 2011, 54 (1): 64 -87.

[139] DELMAS M A, MONTES-SANCHO M J. Voluntary agreements to improve environmental quality: Symbolic and substantive cooperation [J]. Strategic Management Journal, 2010, 31: 575 -601.

[140] DICKINSON V. Cash flow patterns as a proxy for girm life cycle [J]. The Accounting Review, 2011, 86 (6): 1969 - 1994.

[141] DIMSON E. Risk measurement when shares are subject to infrequent trading [J]. Journal of Financtal Economtcs, 1979, 7: 197 - 226.

[142] DOWLING J, PFEFFER J. Organizational legitimacy social values and organizational behavior [J]. The Pacific Sociological Review, 1975, 18 (1): 122 - 136.

[143] DU X, CHANG Y, ZENG Q, et al. Corporate environmental responsibility (CER) weakness, media coverage, and corporate philanthropy: Evidence from China [J]. Asia Pacific Journal of Management, 2016, 33 (2): 551 - 581.

[144] DU X, JIAN W, ZENG Q, et al. Corporate environmental responsibility in polluting industries: Does religion matter? [J]. Journal of Business Ethics, 2014, 124 (3): 485 - 507.

[145] DU X, WENG J, ZENG Q, et al. Do lenders applaud corporate environmental performance? Evidence from Chinese private-owned firms [J]. Journal of Business Ethics, 2017, 143 (1): 179 - 207.

[146] DU X, YIN J, ZHANG Y, et al. The globalised board of directors and corporate environmental performance: Evidence from China [J]. China Journal of Accounting Studies, 2021, 8 (4): 495 - 527.

[147] DU X. How the market values greenwashing? Evidence from China [J]. Journal of Business Ethics, 2014, 128 (3): 547 - 574.

[148] DUAN W, KHURSHID A, RAUF A, et al. Government subsidies' influence on corporate social responsibility of private firms in a competitive environment [J]. Journal of Innovation & Knowledge, 2022, 7 (2).

[149] DUCHIN R, SOSYURA D. The politics of government investment [J]. Journal of Financial Economics, 2012, 106 (1): 24 - 48.

[150] DUQUE-GRISALES E, AGUILERA-CARACUEL J. Environmental,

social and governance (ESG) scores and financial performance of multilatinas: Moderating effects of geographic international diversification and financial slack [J]. Journal of Business Ethics, 2019, 168 (2): 315 -334.

[151] FACCIO M, MASULIS R W, MCCONNELL J J. Political connections and corporate bailouts [J]. The Journal of Finance, 2006, 61 (6): 2597 -2635.

[152] FARAG H, MENG Q, MALLIN C. The social, environmental and ethical performance of Chinese companies: Evidence from the Shanghai Stock Exchange [J]. International Review of Financial Analysis, 2015, 42: 53 -63.

[153] FENG J, GOODELL J W, SHEN D. ESG rating and stock price crash risk: Evidence from China [J]. Finance Research Letters, 2022, 46.

[154] FENG Z, CHEN W. Environmental Regulation, Green Innovation, and Industrial Green Development: An Empirical Analysis Based on the Spatial Durbin Model [J]. Sustainability, 2018, 10 (1).

[155] FÉRES J, REYNAUD A. Assessing the Impact of Formal and Informal Regulations on Environmental and Economic Performance of Brazilian Manufacturing Firms [J]. Environmental and Resource Economics, 2011, 52 (1): 65 -85.

[156] FERNÁNDEZ-KRANZ D, SANTALÓ J. When necessity becomes a virtue: The effect of product market competition on corporate social responsibility [J]. Journal of Economics & Management Strategy, 2010, 19 (2): 453 -487.

[157] FERRARA E L, CHONG A, DURYEA S. Soap operas and fertility: Evidence from Brazil [J]. American Economic Journal: Applied Economics, 2012, 4 (4): 1 -31.

[158] FERRÓN-VÍLCHEZ V, VALERO-GIL J, SUÁREZ-PERALES I. How does greenwashing influence managers' decision-making? An experimental approach under stakeholder view [J]. Corporate Social Responsibility and Environmental Management, 2020, 28 (2): 860 -880.

[159] FREEMAN R E. Strategic management: A stakeholder approach [M].

Pitman: Boston, MA, 1984.

[160] GANGI F, DANIELE L M, VARRONE N. How do corporate environmental policy and corporate reputation affect risk-adjusted financial performance? [J]. Business Strategy and the Environment, 2020, 29 (5): 1975 - 1991.

[161] GAO X, XU W, LI D, et al. Media coverage and investment efficiency [J]. Journal of Empirical Finance, 2021, 63: 270 - 293.

[162] GAO Y, GU J, LIU H. Interactive effects of various institutional pressures on corporate environmental responsibility: Institutional theory and multilevel analysis [J]. Business Strategy and the Environment, 2019, 28 (5): 724 - 736.

[163] GONZÁLEZ-BENITO J, GONZÁLEZ-BENITO Ó. A review of determinant factors of environmental proactivity [J]. Business Strategy and the Environment, 2006, 15 (2): 87 - 102.

[164] GRAAFLAND J. Economic freedom and corporate environmental responsibility: The role of small government and freedom from government regulation [J]. Journal of Cleaner Production, 2019, 218: 250 - 258.

[165] GRECO M, GERMANI F, GRIMALDI M, et al. Policy mix or policy mess? Effects of cross-instrumental policy mix on eco-innovation in German firms [J]. Technovation, 2022, 117.

[166] GUO F, ZOU B, ZHANG X, et al. Financial slack and firm performance of SMMEs in China: Moderating effects of government subsidies and market-supporting institutions [J]. International Journal of Production Economics, 2020, 223: 107530.

[167] GUPTA S, GOLDAR B. Do stock markets penalize environment-unfriendly behaviour? Evidence from India [J]. Ecological Economics, 2005, 52 (1): 81 - 95.

[168] HABIB A, BHUIYAN M B U. Determinants of monetary penalties for environmental violations [J]. Business Strategy and the Environment, 2017, 26

(6): 754 - 775.

[169] HABIB A, HASAN M M, JIANG H. Stock price crash risk: Review of the empirical literature [J]. Accounting & Finance, 2018, 58: 211 - 251.

[170] HABIB A, HASAN M M. Managerial ability, investment efficiency and stock price crash risk [J]. Research in International Business and Finance, 2017, 42: 262 - 274.

[171] HAN S, PAN Y, MYGRANT M, et al. Differentiated environmental regulations and corporate environmental responsibility: The moderating role of institutional environment [J]. Journal of Cleaner Production, 2021, 313.

[172] HAN S, YOU W, NAN S. Zombie firms, external support and corporate environmental responsibility: Evidence from China [J]. Journal of Cleaner Production, 2019, 212: 1499 - 1517.

[173] HAQUE N. Revisiting penalty functions for environmental violations: Evidence from a developing country [J]. Water and Environment Journal, 2018, 32 (4): 566 - 572.

[174] HARRINGTON W. Enforcement leverage when penalties are restricted [J]. Journal of Public Economics, 1988, 37 (1): 29 - 53.

[175] HATTORI K. Optimal combination of innovation and environmental policies under technology licensing [J]. Economic Modelling, 2017, 64: 601 - 609.

[176] HE F, FENG Y, FENG L. Social media information dissemination and corporate bad news hoarding [J]. Accounting & Finance, 2022, 63 (S1): 1503 - 1532.

[177] HE L, GAN S, ZHONG T. The impact of green credit policy on firms' green strategy choices: Green innovation or green-washing? [J]. Environmental Science and Pollution Research, 2022, 29 (48): 73307 - 73325.

[178] HE Q, WANG Z, WANG G, et al. To be green or not to be: How environmental regulations shape contractor greenwashing behaviors in construction

projects [J]. Sustainable Cities and Society, 2020, 63: 102462.

[179] HENRIQUES I, SADORSKY P. The determinants of an environmentally responsive firm: An empirical approach [J]. Journal of Environmental Economics and Management, 1996, 30 (3): 381 -395.

[180] HERNANDEZ-VIVANCO A, BERNARDO M. Are certified firms more prone to eco-product innovation? The moderating role of slack resources [J]. Journal of Cleaner Production, 2022, 377: 134364.

[181] HITT M A, XU K. The transformation of China: Effects of the institutional environment on business actions [J]. Long Range Planning, 2016, 49 (5): 589 -593.

[182] HORBACH J, RAMMER C, RENNINGS K. Determinants of eco-innovations by type of environmental impact — The role of regulatory push/pull, technology push and market pull [J]. Ecological Economics, 2012, 78: 112 -122.

[183] HOTTENROTT H, REXHÄUSER S. Policy-Induced Environmental Technology and Inventive Efforts: Is There a Crowding Out? [J]. Industry and Innovation, 2015, 22 (5): 375 -401.

[184] HU J, WU H, YING S X. Environmental regulation, market forces, and corporate environmental responsibility: Evidence from the implementation of cleaner production standards in China [J]. Journal of Business Research, 2022, 150: 606 -622.

[185] HUANG M, LI M, LIAO Z. Do politically connected CEOs promote Chinese listed industrial firms' green innovation? The mediating role of external governance environments [J]. Journal of Cleaner Production, 2021, 278.

[186] HUANG P, JIAO Y, LI S. Impact of internal control quality on the information content of social responsibility reports: A study based on text similarity—Evidence from China [J]. International Journal of Accounting Information Systems, 2022, 45: 100558.

[187] HUANG Z, LIAO G, LI Z. Loaning scale and government subsidy for promoting green innovation [J]. Technological Forecasting and Social Change, 2019, 144: 148 - 156.

[188] HUTTON A P, MARCUS A J, TEHRANIAN H. Opaque financial reports, R2, and crash risk [J]. Journal of Financial Economics 2009, 94: 67 - 86.

[189] JAFFE A B, PALMER K. Environmental regulation and innovation: A panel data study [J]. The Review of Economics and Statistics, 1997, 79 (4): 610 - 619.

[190] JAFFEE D M, RUSSELL T. Imperfect information, uncertainty, and credit rationing [J]. The Quarterly Journal of Economics, 1976, 90 (4): 651 - 666.

[191] JIANG G, LEE C M C, YUE H. Tunneling through intercorporate loans: The China experience [J]. Journal of Financial Economics, 2010, 98 (1): 1 - 20.

[192] JIANG X, YANG J, YANG W, et al. Do employees' voices matter? Unionization and corporate environmental responsibility [J]. International Review of Economics & Finance, 2021, 76: 1265 - 1281.

[193] JIANG Y, CHEN N, ZHU D, et al. The impact of environmental supervision on firms' energy efficiency: Evidence from the Environmental Protection Admonishing Talk policy in China [J]. Environmental Science and Pollution Research, 2023, 30 (13): 37775 - 337790.

[194] JIANG Y, GUO C, WU Y. Can environmental information disclosure promote the high-quality development of enterprises? The mediating effect of intellectual capital [J]. Environmental Science and Pollution Research, 2021, 28 (24): 30743 - 30757.

[195] JIANG Z, WANG Z, LAN X. How environmental regulations affect corporate innovation? The coupling mechanism of mandatory rules and voluntary

management [J]. Technology in Society, 2021, 65.

[196] JIANG Z, WANG Z, ZENG Y. Can voluntary environmental regulation promote corporate technological innovation? [J]. Business Strategy and the Environment, 2019, 29 (2): 390 -406.

[197] JIMÉNEZ O. Innovation-Oriented Environmental Regulations: Direct versus Indirect Regulations; an Empirical Analysis of Small and Medium-Sized Enterprises in Chile [J]. Environment and Planning A: Economy and Space, 2016, 37 (4): 723 -750.

[198] JIN J, LIU Y, ZHANG Z, et al. Voluntary disclosure of pandemic exposure and stock price crash risk [J]. Finance Research Letters, 2022, 47: 102799.

[199] JIN L, MYERS S. R2 around the world: New theory and new tests [J]. Journal of Financial Economics, 2006, 79 (2): 257 -292.

[200] JIN X, CHEN Z, YANG X. Economic policy uncertainty and stock price crash risk [J]. Accounting & Finance, 2019, 58 (5): 1291 -1318.

[201] JIN Y, CHENG C, ZENG H. Is evil rewarded with evil? The market penalty effect of corporate environmentally irresponsible events [J]. Business Strategy and the Environment, 2020, 29 (3): 846 -871.

[202] JOHN K, LI Y, PANG J. Does corporate governance matter more for high financial slack firms? [J]. Management Science, 2017, 63 (6): 1872 -1891.

[203] JOHNSTONE N, HAŠČIČ I, POIRIER J, et al. Environmental policy stringency and technological innovation: evidence from survey data and patent counts [J]. Applied Economics, 2012, 44 (17): 2157 -2170.

[204] JUNG T, KIM N K W, KIM Y J, et al. Bad news withholding and stock price crash risk of banks [J]. Asia-Pacific Journal of Financial Studies, 2019, 48 (6): 777 -807.

[205] KAPLAN S N, ZINGALES L. Do investment-cash flow sensitivities provide useful measures of financing constraints? [J]. The quarterly journal of

economics, 1997, 112 (1): 169 – 215.

[206] KARPLUS V J, ZHANG J, ZHAO J. Navigating and evaluating the labyrinth of environmental regulation in China [J]. Review of Environmental Economics and Policy, 2021, 15 (2): 300 – 322.

[207] KASIM M T. Evaluating the effectiveness of an environmental disclosure policy: An application to New South Wales [J]. Resource and Energy Economics, 2017, 49: 113 – 131.

[208] KIM H, KIM H, LEE P M. Ownership structure and the relationship between financial slack and R&D investments: Evidence from Korean firms [J]. Organization Science, 2008, 19 (3): 404 – 418.

[209] KIM J B, LIAO S, LIU Y. Married CEOs and stock price crash risk [J]. European Financial Management, 2021, 28 (5): 1376 – 1412.

[210] KIM J B, YEUNG I, ZHOU J. Stock price crash risk and internal control weakness: Presence vs. disclosure effect [J]. Accounting & Finance, 2017, 59 (2): 1197 – 1233.

[211] KIM J-B, LI Y, ZHANG L. CFOs versus CEOs: Equity incentives and crashes [J]. Journal of Financial Economics, 2011, 101 (3): 713 – 730.

[212] KIM J-B, LI Y, ZHANG L. Corporate tax avoidance and stock price crash risk: Firm-level analysis [J]. Journal of Financial Economics, 2011, 100 (3): 639 – 662.

[213] KIM J-B, LU L Y, YU Y. Analyst coverage and expected crash risk: Evidence from exogenous changes in analyst coverage [J]. The Accounting Review, 2019, 94 (4): 345 – 364.

[214] KIM J-B, WANG Z, ZHANG L. CEO overconfidence and stock price crash risk [J]. Contemporary Accounting Research, 2016, 33 (4): 1720 – 1749.

[215] KIM J-B, ZHANG L. Financial reporting opacity and expected crash risk: Evidence from implied volatility smirks [J]. Contemporary Accounting Research, 2014, 31 (3): 851 – 875.

[216] KIM Y, LI H, LI S. Corporate social responsibility and stock price crash risk [J]. Journal of Banking & Finance, 2014, 43: 1 - 13.

[217] KIM Y, STATMAN M. Do corporations invest enough in environmental responsibility? [J]. Journal of Business Ethics, 2012, 105 (1): 115 - 129.

[218] KIM, LYON T P. Greenwash vs. brownwash: Exaggeration and undue modesty in corporate sustainability disclosure [J]. Organization Science, 2015, 26 (3): 705 - 723.

[219] KNELLER R, MANDERSON E. Environmental regulations and innovation activity in UK manufacturing industries [J]. Resource and Energy Economics, 2012, 34 (2): 211 - 235.

[220] KÖLBEL J F, BUSCH T, JANCSO L M. How media coverage of corporate social irresponsibility increases financial risk [J]. Strategic Management Journal, 2017, 38 (11): 2266 - 2284.

[221] LANOIE P, LAPLANTE B T, ROY M. Can capital markets create incentives for pollution control? [J]. Ecological Economics, 1998, 26 (1): 31 - 41.

[222] LEE J W, KIM Y M, KIM Y E. Antecedents of adopting corporate environmental responsibility and green practices [J]. Journal of Business Ethics, 2018, 148 (2): 397 - 409.

[223] LI D, CAO C, ZHANG L, et al. Effects of corporate environmental responsibility on financial performance: The moderating role of government regulation and organizational slack [J]. Journal of Cleaner Production, 2017, 166: 1323 - 1334.

[224] LI M, ZHANG J, RAMANATHAN R, et al. Opening the black box: The impacts of environmental regulations on technological innovation [J]. International Journal of Environmental Research and Public Health, 2020, 17 (12): 1 - 18.

[225] LI Q, LUO W, WANG Y, et al. Firm performance, corporate own-

ership, and corporate social responsibility disclosure in China [J]. Business Ethics: A European Review, 2013, 22 (2): 159 – 173.

[226] LI R, RAMANATHAN R, XU G. The impact of penalties for environmental violations on corporate environmental responsibility [J]. Sustainable Development, 2023, 31 (3): 1343 – 1363.

[227] LI R, RAMANATHAN R. Exploring the relationships between different types of environmental regulations and environmental performance: Evidence from China [J]. Journal of Cleaner Production, 2018, 196: 1329 – 1340.

[228] LI R, XU G, RAMANATHAN R. The impact of environmental investments on green innovation: An integration of factors that increase or decrease uncertainty [J]. Business Strategy and the Environment, 2022, 4: 1 – 18.

[229] LI W, LI W, SEPPÄNEN V, et al. Effects of greenwashing on financial performance: Moderation through local environmental regulation and media coverage [J]. Business Strategy and the Environment, 2022, 32 (1): 820 – 841.

[230] LI X, WANG S S, WANG X. Trust and stock price crash risk: Evidence from China [J]. Journal of Banking & Finance, 2017, 76: 74 – 91.

[231] LI Y, LI X, XIANG E, et al. Financial distress, internal control, and earnings management: Evidence from China [J]. Journal of Contemporary Accounting & Economics, 2020, 16 (3): 100210.

[232] LI Z, ZHENG C, LIU A, et al. Environmental taxes, green subsidies, and cleaner production willingness: Evidence from China's publicly traded companies [J]. Technological Forecasting and Social Change, 2022, 183.

[233] LIAN G, XU A, ZHU Y. Substantive green innovation or symbolic green innovation? The impact of ER on enterprise green innovation based on the dual moderating effects [J]. Journal of Innovation & Knowledge, 2022, 7 (3).

[234] LIAO Z, WENG C, SHEN C. Can public surveillance promote corporate environmental innovation? The mediating role of environmental law enforcement

[J]. Sustainable Development, 2020, 28 (6): 1519 – 1527.

[235] LIN H, ZENG S, WANG L, et al. How does environmental irresponsibility impair corporate reputation? A multi-method investigation [J]. Corporate Social Responsibility and Environmental Management, 2016, 23 (6): 413 – 423.

[236] LIN K Z, CHENG S, ZHANG F. Corporate social responsibility, institutional environments, and tax avoidance: Evidence from a subnational comparison in China [J]. The International Journal of Accounting, 2017, 52 (4): 303 – 318.

[237] LIN W, XIAO Y, YU H, et al. Does vertical environmental protection pressure promote convergence of urban air pollution? [J]. Journal of Innovation & Knowledge, 2022, 7 (2).

[238] LIU J. Does negative information in MD&A can reduce stock crash risk? [J]. Nankai Business Review International, 2021, 12 (4): 537 – 552.

[239] LIU X, LIU B, SHISHIME T, et al. An empirical study on the driving mechanism of proactive corporate environmental management in China [J]. Journal of Environmental Management, 2010, 91 (8): 1707 – 1717.

[240] LO C K Y, TANG C S, ZHOU Y, et al. Environmental incidents and the market value of firms: An empirical investigation in the Chinese context [J]. Manufacturing & Service Operations Management, 2018, 20 (3): 422 – 439.

[241] LUO J, DU X. Media coverage, institutional environment and stock price crash risk [J]. Accounting research, 2014.

[242] LUO K, WU S. Corporate sustainability and analysts' earnings forecast accuracy: Evidence from environmental, social and governance ratings [J]. Corporate Social Responsibility and Environmental Management, 2022, 29 (5): 1465 – 1481.

[243] LUO Y, XIONG G, MARDANI A. Environmental information disclosure and corporate innovation: The "Inverted U-shaped" regulating effect of media attention [J]. Journal of Business Research, 2022, 146: 453 – 463.

[244] LYON T P, MAXWELL J W. Greenwash: Corporate environmental disclosure under threat of audit [J]. Journal of Economics & Management Strategy, 2011, 20 (1): 3-41.

[245] LYON T P, MONTGOMERY A W. The means and end of greenwash [J]. Organization & Environment, 2015, 28 (2): 223-249.

[246] LYON T P, SHIMSHACK J P. Environmental disclosure: Evidence from Newsweek's green companies rankings [J]. Business & Society, 2012, 54 (5): 632-675.

[247] MAJUMDAR S K, MARCUS A A. Rules Versus Discretion: The Productivity Consequences of Flexible Regulation [J]. Academy of Management Journal, 2001, 44 (1): 170-179.

[248] MARQUIS C, QIAN C. Corporate social responsibility reporting in China: Symbol or substance? [J]. Organization Science, 2014, 25 (1): 127-148.

[249] MASON C H, PERREAULT W D. Collinearity, power, and interpretation of multiple regression analysis [J]. Journal of Marketing Research, 1991, 28 (3): 268-280.

[250] MATEO-MÁRQUEZ A J, GONZÁLEZ-GONZÁLEZ J M, ZAMORA-RAMÍREZ C. An international empirical study of greenwashing and voluntary carbon disclosure [J]. Journal of Cleaner Production, 2022, 363: 132567.

[251] MENG X H, ZENG S X, XIE X M, et al. The impact of product market competition on corporate environmental responsibility [J]. Asia Pacific Journal of Management, 2016, 33 (1): 267-291.

[252] MILANI S. The Impact of Environmental Policy Stringency on Industrial R&D Conditional on Pollution Intensity and Relocation Costs [J]. Environmental and Resource Economics, 2016, 68 (3): 595-620.

[253] MILGROM P, ROBERTS J. Complementarities and fit strategy, structure, and organizational change in manufacturing [J]. Journal of Accounting and

Economics, 1995, 19 (2-3): 179-208.

[254] MORALES-RAYA M, MARTÍN-TAPIA I, ORTIZ-DE-MANDOJANA N. To be or to seem: The role of environmental practices in corporate environmental reputation [J]. Organization & Environment, 2018, 32 (3): 309-330.

[255] MULLAINATHAN S, SHLEIFER A. The market for news [J]. The American Economic Review, 2005, 95 (4): 1031-1053.

[256] MUTTAKIN M B, MIHRET D G, KHAN A. Corporate political connection and corporate social responsibility disclosures [J]. Accounting, Auditing & Accountability Journal, 2018, 31 (2): 725-744.

[257] NEMES N, SCANLAN S J, SMITH P, et al. An integrated framework to assess greenwashing [J]. Sustainability, 2022, 14 (8): 4431.

[258] NOHRIA N, GULATI R. Is slack good or bad for innovation? [J]. Academy of Management Journal, 1996, 39 (5): 1245-1264.

[259] OH W-Y, CHANG Y K, KIM T-Y. Complementary or substitutive effects? Corporate governance mechanisms and corporate social responsibility [J]. Journal of Management, 2018, 44 (7): 2716-2739.

[260] PAELEMAN I, VANACKER T. Less is more, or not? On the interplay between bundles of slack resources, firm performance and firm survival [J]. Journal of Management Studies, 2015, 52 (6): 819-848.

[261] PATTEN D M, TROMPETER G. Corporate responses to political costs: An examination of the relation between environmental disclosure and earnings management [J]. Journal of Accounting and Public Policy, 2003, 22 (1): 83-94.

[262] PENG B, CHEN S, ELAHI E, et al. Can corporate environmental responsibility improve environmental performance? An inter-temporal analysis of Chinese chemical companies [J]. Environ Sci Pollut Res Int, 2021, 28 (10): 12190-12201.

[263] PERINO G, REQUATE T. Does more stringent environmental regula-

tion induce or reduce technology adoption? When the rate of technology adoption is inverted U-shaped [J]. Journal of Environmental Economics and Management, 2012, 64 (3): 456-467.

[264] PIOTROSKI J D, WONG T J, ZHANG T. Political incentives to suppress negative information: Evidence from Chinese listed firms [J]. Journal of Accounting Research, 2015, 53 (2): 405-459.

[265] PORTER M E, VAN DER LINDE C. Toward a new conception of the environment-competitiveness relationship [J]. Journal of Economic Perspectives, 1995, 9 (4): 97-118.

[266] PRESTON L E, O' BANNON D P. The corporate social-financial performance relationship. A typology and analysis [J]. Business & Society, 1997, 36 (4): 419-429.

[267] PUCHETA-MARTÍNEZ M C, CHIVA-ORTELLS C. The role of directors representing institutional ownership in sustainable development through corporate social responsibility reporting [J]. Sustainable Development, 2018, 26 (6): 835-846.

[268] QI G Y, ZENG S X, SHI J J, et al. Revisiting the relationship between environmental and financial performance in Chinese industry [J]. Journal of Environmental Management, 2014, 145: 349-356.

[269] QIN Y, HARRISON J, CHEN L. A framework for the practice of corporate environmental responsibility in China [J]. Journal of Cleaner Production, 2019, 235: 426-452.

[270] QUAN X, KE Y, QIAN Y, et al. CEO foreign experience and green innovation: Evidence from China [J]. Journal of Business Ethics, 2023, 182 (2): 535-557.

[271] RADHOUANE I, NEKHILI M, NAGATI H, et al. Is voluntary external assurance relevant for the valuation of environmental reporting by firms in environmentally sensitive industries? [J]. Sustainability Accounting, Management

and Policy Journal, 2020, 11 (1): 65 - 98.

[272] RAMANATHAN R, POOMKAEW B, NATH P. The impact of organizational pressures on environmental performance of firms [J]. Business Ethics: A European Review, 2014, 23 (2): 169 - 182.

[273] REN S, HE D, YAN J, et al. Environmental labeling certification and corporate environmental innovation: The moderating role of corporate ownership and local government intervention [J]. Journal of Business Research, 2022, 140: 556 - 571.

[274] REN S, HUANG M, LIU D, et al. Understanding the impact of mandatory CSR disclosure on green innovation: Evidence from Chinese listed firms [J]. British Journal of Management, 2022: 1 - 19.

[275] ROODMAN D. How to do Xtabond2: An introduction to difference and system GMM in Stata [J]. The Stata Journal: Promoting Communications on Statistics and Stata, 2009, 9 (1): 86 - 136.

[276] ROYCHOWDHURY S. Earnings management through real activities manipulation [J]. Journal of Accounting and Economics, 2006, 42 (3): 335 - 370.

[277] RUIZ-BLANCO S, ROMERO S, FERNANDEZ-FEIJOO B. Green, blue or black, but washing-What company characteristics determine greenwashing? [J]. Environment, Development and Sustainability, 2021, 24 (3): 4024 - 4045.

[278] SAM A G, ZHANG X. Value relevance of the new environmental enforcement regime in China [J]. Journal of Corporate Finance, 2020, 62: 101573.

[279] SARKIS J, GONZALEZ-TORRE P, ADENSO-DIAZ B. Stakeholder pressure and the adoption of environmental practices: The mediating effect of training [J]. Journal of Operations Management, 2010, 28 (2): 163 - 176.

[280] SCHNIETZ K E, EPSTEIN M J. Exploring the financial value of a reputation for corporate social responsibility during a crisis [J]. Corporate Repu-

tation Review, 2005, 7 (4): 327 -345.

[281] SCHOT J, STEINMUELLER W E. Three frames for innovation policy: R&D, systems of innovation and transformative change [J]. Research Policy, 2018, 47 (9): 1554 -1567.

[282] SHAH S G M, SARFRAZ M, IVASCU L. Assessing the interrelationship corporate environmental responsibility, innovative strategies, cognitive and hierarchical CEO: A stakeholder theory perspective [J]. Corporate Social Responsibility and Environmental Management, 2021, 28 (1): 457 -473.

[283] SHAHAB Y, GULL A A, AHSAN T, et al. CEO power and corporate social responsibility decoupling [J]. Applied Economics Letters, 2021, 29 (21): 1965 -1969.

[284] SHAHAB Y, HUSSAIN T, WANG P, et al. Business groups and environmental violations: Evidence from China [J]. International Review of Financial Analysis, 2023, 85.

[285] SHAHAB Y, NTIM C G, CHENGANG Y, et al. Environmental policy, environmental performance, and financial distress in China: Do top management team characteristics matter? [J]. Business Strategy and the Environment, 2018, 27 (8): 1635 -1652.

[286] SHAHAB Y, NTIM C G, ULLAH F, et al. CEO power and stock price crash risk in China: Do female directors' critical mass and ownership structure matter? [J]. International Review of Financial Analysis, 2020, 68.

[287] SHAHAB Y, WANG P, TAURINGANA V. Sustainable development and environmental ingenuities: The influence of collaborative arrangements on environmental performance [J]. Business Strategy and the Environment, 2022, 32 (4): 1464 -1480.

[288] SHEN H, WU H, LONG W, et al. Environmental performance of firms and access to bank loans [J]. The International Journal of Accounting, 2021, 56 (02): 2150007.

[289] SHEVCHENKO A. Do financial penalties for environmental violations facilitate improvements in corporate environmental performance? An empirical investigation [J]. Business Strategy and the Environment, 2021, 30 (4): 1723 – 1734.

[290] SHIH Y-C, WANG Y, ZHONG R, et al. Corporate environmental responsibility and default risk: Evidence from China [J]. Pacific-Basin Finance Journal, 2021, 68.

[291] SHIPILOV A V, GREVE H R, ROWLEY T J. Is all publicity good publicity? The impact of direct and indirect media pressure on the adoption of governance practices [J]. Strategic Management Journal, 2019, 40 (9): 1368 – 1393.

[292] SINGH R K, YABAR H, NOZAKI N, et al. Comparative study of linkage between environmental policy instruments and technological innovation: Case study on end-of-life vehicles technologies in Japan and EU [J]. Waste Manag, 2017, 66: 114 – 122.

[293] SUCHMAN M C. Managing legitimacy: Strategic and institutional approaches [J]. Academy of Management Review, 1995, 20 (3): 571 – 610.

[294] SUN Z, ZHANG W. Do government regulations prevent greenwashing? An evolutionary game analysis of heterogeneous enterprises [J]. Journal of Cleaner Production, 2019, 231: 1489 – 1502.

[295] SYMEOU P C, ZYGLIDOPOULOS S, GARDBERG N A. Corporate environmental performance: Revisiting the role of organizational slack [J]. Journal of Business Research, 2019, 96: 169 – 182.

[296] TATOGLU E, FRYNAS J G, BAYRAKTAR E, et al. Why do emerging market firms engage in voluntary environmental management practices? A strategic choice perspective [J]. British Journal of Management, 2019, 31 (1): 80 – 100.

[297] TESTA F, MIROSHNYCHENKO I, BARONTINI R, et al. Does it pay to be a greenwasher or a brownwasher? [J]. Business Strategy and the Envi-

ronment, 2018, 27 (7): 1104 – 1116.

[298] TIAN Z, TIAN Y, CHEN Y, et al. The economic consequences of environmental regulation in China: From a perspective of the environmental protection admonishing talk policy [J]. Business Strategy and the Environment, 2020, 29 (4): 1723 – 1733.

[299] TORELLI R, BALLUCHI F, LAZZINI A. Greenwashing and environmental communication: Effects on stakeholders' perceptions [J]. Business Strategy and the Environment, 2019, 29 (2): 407 – 421.

[300] TRUMPP C, ENDRIKAT J, ZOPF C, et al. Definition, conceptualization, and measurement of corporateenvironmental performance: A critical examination of a multidimensional construct [J]. Journal of Business Ethics, 2013, 126 (2): 185 – 204.

[301] TSENDSUREN C, YADAV P L, HAN S H, et al. Influence of product market competition and managerial competency on corporate environmental responsibility: Evidence from the US [J]. Journal of Cleaner Production, 2021, 304.

[302] TZOUVANAS P, KIZYS R, CHATZIANTONIOU I, et al. Environmental disclosure and idiosyncratic risk in the European manufacturing sector [J]. Energy Economics, 2020, 87.

[303] VANACKER T, COLLEWAERT V, PAELEMAN I. The relationship between slack resources and the performance of entrepreneurial firms: The role of venture capital and angel investors [J]. Journal of Management Studies, 2013, 50 (6): 1070 – 1096.

[304] VIVES X. Nash equilibrium with strategic complementarities [J]. Journal of Mathematical Economics, 1990, 19 (3): 305 – 321.

[305] WAGNER M, SCHALTEGGER S. The effect of corporate environmental strategy choice and environmental performance on competitiveness and economic performance [J]. European Management Journal, 2004, 22 (5): 557 – 572.

[306] WAHBA H. Does the market value corporate environmental responsi-

bility? An empirical examination [J]. Corporate Social Responsibility and Environmental Management, 2008, 15 (2): 89 - 99.

[307] WALKER K, WAN F. The harm of symbolic actions and green-washing: Corporate actions and communications on environmental performance and their financial implications [J]. Journal of Business Ethics, 2012, 109 (2): 227 - 242.

[308] WALKER M, MERCADO H. The resource-worthiness of environmental responsibility: A resource-based perspective [J]. Corporate Social Responsibility and Environmental Management, 2015, 22 (4): 208 - 221.

[309] WALLEY N, WHITEHEAD B. It's not easy being green [J]. Harvard Business Review, 1994, 72 (3): 46 - 52.

[310] WANG F, XU L, ZHANG J, et al. Political connections, internal control and firm value: Evidence from China's anti-corruption campaign [J]. Journal of Business Research, 2018, 86: 53 - 67.

[311] WANG K, ZHANG H-M, TSAI S-B, et al. Does a board chairman's political connection affect green investment? ——From a sustainable perspective [J]. Sustainability, 2018, 10 (3): 582.

[312] WANG K, ZHANG X. The effect of media coverage on disciplining firms' pollution behaviors: Evidence from Chinese heavy polluting listed companies [J]. Journal of Cleaner Production, 2021, 280.

[313] WANG L, DAI Y, KONG D. Air pollution and employee treatment [J]. Journal of Corporate Finance, 2021, 70: 102067.

[314] WANG L, KONG D, ZHANG J. Does the political promotion of local officials impede corporate innovation? [J]. Emerging Markets Finance and Trade, 2021, 57 (4): 1159 - 1181.

[315] WANG S, WANG H, WANG J, et al. Does environmental information disclosure contribute to improve firm financial performance? An examination of the underlying mechanism [J]. Science of the Total Environment, 2020, 714:

136855.

[316] WANG W, ZHAO C, JIANG X, et al. Corporate environmental responsibility in China: A strategic political perspective [J]. Sustainability Accounting, Management and Policy Journal, 2021, 12 (1): 220 - 239.

[317] DU X, YIN J, ZHANG Y, et al. The globalised board of directors and corporate environmental performance: Evidence from China [J]. China Journal of Accounting Studies, 2021, 8 (4): 495 - 527.

[318] WANG L, DAI Y, KONG D. Air pollution and employee treatment [J]. Journal of Corporate Finance, 2021, 70: 102067.

[319] WANG X, FAN G, HU L. Marketization index of China's provinces: NERI report 2018 [M]. Social Sciences Academic Press (in Chinese), 2019.

[320] WANG Y, FARAG H, AHMAD W. Corporate culture and innovation: A tale from an emerging market [J]. British Journal of Management, 2021, 32 (4): 1121 - 1140.

[321] WANG Y, LI Y, MA Z, et al. The deterrence effect of a penalty for environmental violation [J]. Sustainability, 2019, 11 (15): 4226.

[322] WANG Y, WILSON C, LI Y. Gender attitudes and the effect of board gender diversity on corporate environmental responsibility [J]. Emerging Markets Review, 2021, 47.

[323] WANG Z, REIMSBACH D, BRAAM G. Political embeddedness and the diffusion of corporate social responsibility practices in China: A trade-off between financial and CSR performance? [J]. Journal of Cleaner Production, 2018, 198: 1185 - 1197.

[324] WEBER K M, ROHRACHER H. Legitimizing research, technology and innovation policies for transformative change [J]. Research Policy, 2012, 41 (6): 1037 - 1047.

[325] WEN M. Central environmental protection inspector and stock price crash risk-Evidence from polluting industries firms in China [J]. Environmental

Science and Pollution Research, 2023, 30 (3): 6530 - 6543.

[326] WIESMETH H. Stakeholder engagement for environmental innovations [J]. Journal of Business Research, 2020, 119: 310 - 320.

[327] WONG J B, ZHANG Q. Stock market reactions to adverse ESG disclosure via media channels [J]. The British Accounting Review, 2022, 54 (1): 101045.

[328] WU B, JIN C, MONFORT A, et al. Generous charity to preserve green image? Exploring linkage between strategic donations and environmental misconduct [J]. Journal of Business Research, 2021, 131: 839 - 850.

[329] WU C, XIONG X, GAO Y, et al. Does social media coverage deter firms from withholding bad news? Evidence from stock price crash risk [J]. International Review of Financial Analysis, 2022, 84: 102397.

[330] WU L, XU L. Bank loans and firm environmental information disclosure: Evidence from China's heavy polluters [J]. Australian Economic Papers, 2021, 61 (1): 42 - 71.

[331] WU R, HU P. Does the "miracle drug" of environmental governance really improve air quality? Evidence from China's system of central environmental protection inspections [J]. International Journal of Environmental Research and Public Health, 2019, 16 (5): 850.

[332] WU W, LIANG Z, ZHANG Q. Effects of corporate environmental responsibility strength and concern on innovation performance: The moderating role of firm visibility [J]. Corporate Social Responsibility and Environmental Management, 2020, 27 (3): 1487 - 1497.

[333] XIA D, WANG X-Q. The synergetic impact of environmental and innovation information disclosure on corporate financial performance: An empirical study based on China coal listed companies [J]. Technovation, 2021, 100: 102179.

[334] XIANG X, LIU C, YANG M, et al. Confession or justification: The

effects of environmental disclosure on corporate green innovation in China [J]. Corporate Social Responsibility and Environmental Management, 2020, 27 (6): 2735 -2750.

[335] XIE X, ZHU Q, WANG R. Turning green subsidies into sustainability: How green process innovation improves firms' green image [J]. Business Strategy and the Environment, 2019, 28 (7): 1416 -1433.

[336] XIE J, NOZAWA W, YAGI M, et al. Do environmental, social, and governance activities improve corporate financial performance? [J]. Business Strategy and the Environment, 2019, 28 (2): 286 -300.

[337] XIE R-H, YUAN Y-J, HUANG J-J. Different types of environmental regulations and heterogeneous influence on "Green" productivity: Evidence from China [J]. Ecological Economics, 2017, 132: 104 -112.

[338] XIE X, HUO J, ZOU H. Green process innovation, green product innovation, and corporate financial performance: A content analysis method [J]. Journal of Business Research, 2019, 101: 697 -706.

[339] XIE X, ZHU Q, WANG R. Turning green subsidies into sustainability: How green process innovation improves firms' green image [J]. Business Strategy and the Environment, 2019, 28 (7): 1416 -1433.

[340] XIONG Y, LAM H K S, HU Q, et al. The financial impacts of environmental violations on supply chains: Evidence from an emerging market [J]. Transportation Research Part E: Logistics and Transportation Review, 2021, 151: 102345.

[341] XU D, PAN Y, WU C, et al. Performance of domestic and foreign-invested enterprises in China [J]. Journal of World Business, 2006, 41 (3): 261 -274.

[342] XU E, YANG H, QUAN J M, et al. Organizational slack and corporate social performance: Empirical evidence from China's public firms [J]. Asia Pacific Journal of Management, 2014, 32 (1): 181 -198.

[343] XU F, JI Q, YANG M. The pitfall of selective environmental information disclosure on stock price crash risk: Evidence from polluting listed companies in China [J]. Frontiers in Environmental Science, 2021, 9.

[344] XU F, YANG M, LI Q, et al. Long-term economic consequences of corporate environmental responsibility: Evidence from heavily polluting listed companies in China [J]. Business Strategy and the Environment, 2020, 29 (6): 2251 -2264.

[345] XU N, CHEN Q, XU Y, et al. Political uncertainty and cash holdings: Evidence from China [J]. Journal of Corporate Finance, 2016, 40: 276 -295.

[346] XU N, JIANG X, CHAN K C, et al. Analyst coverage, optimism, and stock price crash risk: Evidence from China [J]. Pacific-Basin Finance Journal, 2013, 25: 217 -239.

[347] XU N, LI X, YUAN Q, et al. Excess perks and stock price crash risk: Evidence from China [J]. Journal of Corporate Finance, 2014, 25: 419 -434.

[348] XU X D, ZENG S X, ZOU H L, et al. The impact of corporate environmental violation on shareholders' wealth: A perspective taken from media coverage [J]. Business Strategy and the Environment, 2016, 25 (2): 73 -91.

[349] XUE F, CHEN Q, CHAN K C, et al. Is corporate social responsibility value relevant? Evidence from a quasi-natural experiment of anti-corruption campaign [J]. Journal of Business Research, 2022, 140: 520 -532.

[350] YABAR H, UWASU M, HARA K. Tracking environmental innovations and policy regulations in Japan: case studies on dioxin emissions and electric home appliances recycling [J]. Journal of Cleaner Production, 2013, 44: 152 -158.

[351] YANG M, WANG Y, BAI L, et al. Corporate social responsibility, family involvement, and stock price crash risk [J]. Corporate Social Responsibil-

ity and Environmental Management, 2022, 30 (3): 1204 -1225.

[352] YANG X, WANG Y, HU D, et al. How industry peers improve your sustainable development? The role of listed firms in environmental strategies [J]. Business Strategy and the Environment, 2018, 27 (8): 1313 -1333.

[353] YOU D, ZHANG Y, YUAN B. Environmental regulation and firm eco-innovation: Evidence of moderating effects of fiscal decentralization and political competition from listed Chinese industrial companies [J]. Journal of Cleaner Production, 2019, 207: 1072 -1083.

[354] YU E P-Y, LUU B V, CHEN C H. Greenwashing in environmental, social and governance disclosures [J]. Research in International Business and Finance, 2020, 52: 101192.

[355] YU X, XU Y, ZHANG J, et al. The synergy green innovation effect of green innovation subsidies and carbon taxes [J]. Sustainability, 2022, 14 (6): 3453.

[356] ZENG H, CHENG C, JIN Y, et al. Regional environmental supervision and corporate environmental investment: From the perspective of ecological damage compensation [J]. Environmental Science and Pollution Research, 2022, 29 (19): 28896 -28912.

[357] ZENG H, LI X, ZHOU Q, et al. Local government environmental regulatory pressures and corporate environmental strategies: Evidence from natural resource accountability audits in China [J]. Business Strategy and the Environment, 2022, 31 (7): 3060 -3082.

[358] ZHANG C, ZHOU B, TIAN X. Political connections and green innovation: The role of a corporate entrepreneurship strategy in state-owned enterprises [J]. Journal of Business Research, 2022, 146: 375 -384.

[359] ZHANG C. Political connections and corporate environmental responsibility: Adopting or escaping? [J]. Energy Economics, 2017, 68: 539 -547.

[360] ZHANG D. Are firms motivated to greenwash by financial constraints?

Evidence from global firms' data [J]. Journal of International Financial Management & Accounting, 2022, 33 (3): 459 -479.

[361] ZHANG G, GAO Y, LI J, et al. China's environmental policy intensity for 1978 -2019 [J]. Scientific Data, 2022, 9 (1): 75.

[362] ZHANG K, WANG J J, SUN Y, et al. Financial slack, institutional shareholding and enterprise innovation investment: Evidence from China [J]. Accounting & Finance, 2020, 61 (2): 3235 -3259.

[363] ZHANG P, ZHOU D, GUO J. Policy complementary or policy crowding-out? Effects of cross-instrumental policy mix on green innovation in China [J]. Technological Forecasting and Social Change, 2023, 192.

[364] ZHANG Z, DING Y. The impact of green financial development on stock price crash risk from the perspective of information asymmetry in Chinese listed companies [J]. Environmental Science and Pollution Research, 2023, 30 (37): 87199 -87214.

[365] ZHANG Z, SU Z, WANG K, et al. Corporate environmental information disclosure and stock price crash risk: Evidence from Chinese listed heavily polluting companies [J]. Energy Economics, 2022, 112: 106116.

[366] ZHAO W, ZHONG M, LIAO X, et al. Board network and CSR decoupling: Evidence from China [J]. Front Psychol, 2022, 13: 815341.

[367] ZHENG D, SHI M. Multiple environmental policies and pollution haven hypothesis: Evidence from China's polluting industries [J]. Journal of Cleaner Production, 2017, 141: 295 -304.

[368] ZHENG Y, GE C, LI X, et al. Configurational analysis of environmental information disclosure: Evidence from China's key pollutant-discharge listed companies [J]. Journal of Environmental Management, 2020, 270: 110671.

[369] ZHONG M, XU R, LIAO X, et al. Do CSR ratings converge in China? A comparison between RKS and Hexun scores [J]. Sustainability, 2019, 11 (14): 3921.

[370] ZHONG M, ZHAO W, SHAHAB Y. The philanthropic response of substantive and symbolic corporate social responsibility strategies to COVID – 19 crisis: Evidence from China [J]. Corporate Social Responsibility and Environmental Management, 2022, 29 (2): 339 – 355.

[371] ZHOU K Z, GAO G Y, ZHAO H. State ownership and firm innovation in China: An integrated view of institutional and efficiency logics [J]. Administrative Science Quarterly, 2016, 62 (2): 375 – 404.

[372] ZHOU M, CHEN F, CHEN Z. Can CEO education promote environmental innovation: Evidence from Chinese enterprises [J]. Journal of Cleaner Production, 2021, 297: 12675.

[373] ZHU Q, SARKIS J. The moderating effects of institutional pressures on emergent green supply chain practices and performance [J]. International Journal of Production Research, 2007, 45 (18 – 19): 4333 – 4355.

[374] ZOU H L, ZENG R C, ZENG S X, et al. How do environmental violation events harm corporate reputation? [J]. Business Strategy and the Environment, 2015, 24 (8): 836 – 854.

[375] ZOU H L, ZENG S X, ZHANG X L, et al. The intra-industry effect of corporate environmental violation: An exploratory study [J]. Journal of Cleaner Production, 2015, 107: 428 – 437.

[376] ZOU H, ZENG S, QI G, et al. Do environmental violations affect corporate loan financing? Evidence from China [J]. Human and Ecological Risk Assessment: An International Journal, 2017, 23 (7): 1775 – 1795.